国家出版基金项目
NATIONAL PUBLICATION FOUNDATION

"十四五"时期
国家重点出版物出版专项规划项目·重大出版工程

空间科学与技术研究丛书

二次电子发射理论及应用

U0268155

THEORY AND APPLICATION OF
SECONDARY ELECTRON EMISSION

封国宝 崔万照 王 芳 苗光辉 著

北京理工大学出版社
BEIJING INSTITUTE OF TECHNOLOGY PRESS

图书在版编目（ＣＩＰ）数据

二次电子发射理论及应用／封国宝等著 . −−北京：
北京理工大学出版社，2022.7
　　ISBN 978−7−5763−1414−4

　　Ⅰ. ①二⋯　Ⅱ. ①封⋯　Ⅲ. ①二次电子发射　Ⅳ.
①O462. 2

　　中国版本图书馆 CIP 数据核字（2022）第 104056 号

出版发行／北京理工大学出版社有限责任公司
社　　址／北京市海淀区中关村南大街 5 号
邮　　编／100081
电　　话／（010）68914775（总编室）
　　　　　　（010）82562903（教材售后服务热线）
　　　　　　（010）68944723（其他图书服务热线）
网　　址／http：//www.bitpress.com.cn
经　　销／全国各地新华书店
印　　刷／三河市华骏印务包装有限公司
开　　本／710 毫米×1000 毫米　1/16
印　　张／15. 5
彩　　插／3
字　　数／242千字
版　　次／2022 年 7 月第 1 版　2022 年 7 月第 1 次印刷
定　　价／76. 00 元

责任编辑／陈莉华
文案编辑／陈莉华
责任校对／周瑞红
责任印制／李志强

序

展望中国航天 40 余年的发展历程，从我国首颗人造卫星"东方红"1 号上天，到"神舟"5 号成功载人飞行，再到"嫦娥"5 号实现携带月壤返回、"北斗"3 号成功全球组网和"天问"1 号探测工程顺利开展，中国航天人秉承着航天传统精神、"两弹一星"精神和载人航天精神，在当时工业基础薄弱的情况下，面对一系列科学技术问题攻坚克难，以傲人的成绩、惊人的速度建设成了今日之航天强国，跻身于世界前列。

在人类探索宇宙星辰的进程中，注定会面对无尽的未知与风险。中国航天在迈向浩渺太空的过程中，同样遇到种种挑战。我国空间有效载荷在发展过程中也是如此，其中，在大功率工况下的二次电子倍增效应就是制约高性能微波载荷部件的严重瓶颈问题。加速后的种子电子在微波极板间的级联二次电子发射过程会最终演变为部件内的强脉冲放电，恶化甚至损毁航天器微波部件。因此，对于一个载荷整体而言，每一个微波有源、无源部件，都需要在设计的功率容量范围内进行地面测试。而对于相当一部分器件而言，大功率状态下的二次电子倍增效应便成为它们的出厂大考。面向新时代航天任务，大功率和集成化的要求使得航天器载荷部件面临着更为严峻的二次电子倍增的考验，越来越多的目光重新聚焦到二次电子发射问题本身。

早在 19 世纪末，科学家就发现当电子照射在金属材质样片表面时会有超出原电子数量的二次电子发射现象。在此之后，二次电子便引发了研究和相关应用的热潮，表面发射出来的二次电子被大量应用于扫面电子显微镜上用于探究表面微观形貌。此外，二次电子涉及的领域还包括电子倍增管、电子束曝光、粒子加速器等。一方面，高二次电子发射产额材料被用来制作成电子倍增管应用于对电信号的放大；另一方面，高能粒子加速器中的由二次电子倍增所建立的电子云效应却严重制约了粒子束流品质。在空间大功率微波部件中，二次电子发射由于诱发的倍增放电效应同样备受关注。一直以来，我国科研人员对二次电子的研究颇有建树，但关于二次电子发射多见于相关论文的报道。本书作者作为航天科技一线工作人员，10余年来一直深耕于空间大功率微波二次电子倍增效应，基于扎实的理论基础和丰富的工程实践经验撰写此书。本书主要聚焦于二次电子基础理论、数学物理模型、表面调控技术和应用实例等几个方面的内容，阐述了从微观粒子碰撞理论到宏观表面调控技术，讲解透彻详尽，对科学研究和工程应用都有很强的指导价值。

根据我多年来从事航天工作的经验，对于航天工程的每一个细枝末节都应秉承严谨和扎实的工作作风，诸多空间困难的解决都需要深入到基础学科，从根本上解决制约航天技术突破的瓶颈问题。我很欣慰本书的作者作为航天工程的一线研究人员，能在完成烦琐科研任务和工程型号任务的同时，撰写此书以夯实基础科学的研究，无论是对基础科学研究的推动还是相关工程问题的解析都有很高的参考价值，以助力中国航天事业的科技发展与进步。

中国工程院院士

前　言

自 19 世纪末发现电子轰击下的额外次级电子出射现象以来，二次电子发射现象在超过一个世纪的研究过程中，人们已经基本清楚了其本质机制。这个本该在 20 世纪解决的物理现象，随着现代信息产业、新型材料、高精度加工工艺等科学技术的发展，诸如航天器载荷等领域又遇到了新一轮的科学难点和工程技术问题。例如，微波载荷在天然真空的空间轨道环境中，大功率微波场推动种子电子在腔体内的级联二次电子发射倍增现象，直接导致舱体内发生大功率放电和器件工作状态异常。而在我国的散裂中子源快循环同步加速器中，由二次电子发射现象形成的电子云效应直接影响了加速器工作状态的稳定性，严重制约了环形加速器的束流品质。此外，应用于超快诊断技术的电子倍增管上也需要寻找新型镀层材料以实现更为可观的二次电子发射。而在传统的电子显微、电子束曝光领域，与二次电子直接相关的图像荷电漂移、"鬼影"、散射程扩散等问题仍然是影响图像和加工精度的重要问题。而与此同时，新型材料的出现和表层加工工艺的技术革新又为二次电子发射这一物理现象的研究带来了新的技术研究方向。尽管真空电子管的时代已经远去，但空间微波技术、大科学装置以及高精度加工技术的发展又为二次电子发射这一经典物理现象打开了新的篇章。

正如二次电子发射现象的悠久研究历史，二次电子经典理论经历了 Joy 模型、Vaughan 模型、Furman 模型、Monte Carlo 模型，诸如 D. C. Joy、J. Cazaux、H. J. Fitting、D. R. Penn 在内的一代又一代物理学家为二次电子发射的科学大厦做出了不朽的贡献。

本书内容主要聚焦于二次电子发射的理论模型和相关应用方面，在部分章节列举了几个典型案例展开讨论。本书的内容涵盖了二次电子的发射理论模型、测量、数据结果、表面工艺、介质带电分析以及典型应用场景介绍。内容涉及粒子物理理论、仿真算法、磁流体力学、表面工艺、表面表征等多个领域。

本书共分为6章，其中，第1章为绪论，介绍了二次电子发射和与此相关的介质带电概念和现状。第2章介绍了4种主要二次电子发射模型，以及分别针对导电金属和导电不良体的介质研制的测试平台，此外，还列出了部分典型金属和介质材料的二次电子发射数据。第3章介绍了常用二次电子发射表面调控技术，列举了几种用于抑制二次电子发射的表面陷阱结构和用于表面调控的材料工艺。第4章介绍了电子轰击表面的带电效应和二次电子发射在带电状态下的动态特性。第5章简要叙述了电子轰击对材料的影响。第6章讲述了二次电子发射在微波部件微放电和电子显微成像领域的应用，并展开了进一步分析。

本书的第1章由中国空间技术研究院封国宝和崔万照编写；第2章的理论模型由中国空间技术研究院封国宝和苗光辉编写，测量部分由中国空间技术研究院崔万照编写，测试数据由西安交通大学王芳编写；第3章由中国空间技术研究院封国宝、张娜和西安交通大学叶鸣编写；第4章和第5章由中国空间技术研究院封国宝编写；第6章由中国空间技术研究院封国宝、苗光辉和西安交通大学王芳编写。

本书在撰写过程中获得了多位专家、学者的指导，在此感谢西安交通大学曹猛教授和中国空间技术研究院西安分院李小军主任、李韵研究员、胡天存研究员、王新波研究员、王瑞、谢贵柏、杨晶、何銎、白春江、陈翔、魏焕、白鹤、陈泽煜对本书提出的宝贵意见。本书的部分研究工作获得了自然科学基金项目（Nos. 61901360，62101434）的支持。

由于编者水平有限，书中恐有不当之处，敬请读者批评指正。

作　者

2022 年元旦

目　录

第 1 章
绪　论

1.1　基本概念

二次电子发射与带电效应作为影响空间飞行器有效载荷在轨可靠安全运行的特殊效应，一旦发生将造成严重后果。近年来，随着空间技术的发展，电子轰击诱导的航天器介质材料二次电子发射与带电效应受到人们的高度重视，也是本书讲述的主要内容。

二次电子发射是指具有一定能量的电子或其他粒子，照射固体材料表面时，从这些物体表面会发射电子的现象。当部件处于 1×10^{-3} Pa 或更低压强时，在承受大功率的情况下，很容易由于二次电子发射而发生谐振放电现象，称为微放电效应。双边微放电发生过程为：初始电子在极板间电场加速作用下，从下极板朝上极板运动并碰撞到上极板表面，由于二次电子发射的缘故，上极板可能发射多个电子（具体发射情况与材料及入射电子参数有关），如果这些电子发射出来时，极板间电场也恰好改变方向，那么这些电子就可以在电场作用下从上极板朝下极板运动并碰撞到下极板表面，再次激发出更多的二次电子。当满足一定条件时，该过程持续发生，导致极板间电子数目呈指数增长，于是就形成了二次电子倍增效应，即微放电效应。

对于二次电子产生的机理可以简要概括如下：电子以一定能量入射到材料表面时，与材料内的原子或分子发生多次散射（图 1.1），一部分电子与表面原子发生弹性散射而被直接反弹回去，形成弹性背散射电子（Back Scattering

Electron，BSE）。进入材料内部的原电子可能与材料原子发生非弹性散射而激发内二次电子，内二次电子主要由入射电子将样品原子导带、价带或者少量内壳电子电离逸出样品形成，一部分内二次电子会向表面移动并克服功函数而出射，形成本征二次电子（Secondary Electron，SE），部分原电子在内部因多次散射改变运动轨迹并损失能量，直至从表面逸出形成非弹性背散射电子，或者消耗全部的能量后停留在样品内部。通常把弹性和非弹性背散射电子统称为背散射电子。为了区分这两类电子，理论中可以根据散射类型判断其分类，实验中通常按照二次电子能量判断其所属类型，把能量小于 50 eV 的二次电子认为是本征二次电子，能量大于 50 eV 的电子看作背散射电子。衡量二次电子发射的能力，通常采用二次电子发射系数（Secondary Electron Yield，SEY）表征。二次电子发射系数定义为：从材料表面发射的二次电子（包括本征二次电子和背散射电子）与入射到材料表面的电子个数之比。

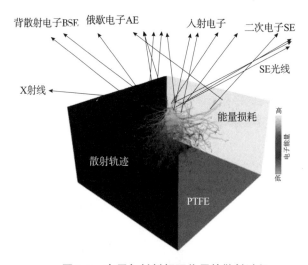

图 1.1　电子与材料相互作用的散射过程

太空环境中，辐照到介质材料中的电子除了以二次电子的形式从样品表面逃逸外，还会以沉积电荷的形式积累在样品内部或浅表层，从而使航天器件产生带电现象。电子入射电介质后产生带电效应的过程主要分为两步：首先，电子与原子发生散射和电离作用，生成大量的电子–空穴对，形成局部有等离子体特征的电荷密集区域；然后，局部等离子体会导致电子和空穴经输运和捕获作用在材料表层和深层形成一定的空间电荷分布，同时又通过产生的表面电场改变二次电子发射系数而影响材料的空间电荷特性。电子束照射电介质样品的带电是由入射样品的电子束电流和离开样品的二次电子电流与泄漏电流之间的不平衡所致。其带电过程同时受到样品条件和入射电子束条件的影响。当电子束能量大于使二次电子发射系数等于 1 的第二临界能量时，电子束电流会大于从样品表面出射的二次电子电流，此时样品带负电；否则带正电。

由入射电子与出射电子的不平衡所导致的航天器电介质材料充放电现象是导致航天器操作异常及失效的最常见原因，充放电过程会引起航天器表面污染加剧及破损，放电时产生的高强度电流脉冲会造成电子器件的工作异常甚至损毁。航天器材料充放电现象既与空间环境有关，也与航天器材料的自身物理特性有关。在航天器中大量使用的聚合物材料具有良好的介电性能，在空间服役时，来自空间的带电粒子会在其表面和深层内存储下来形成充电现象。聚合物的二次电子发射率、电介质强度、辐致电导率、介电性能是与其充电现象密切相关的物理特性。在这些物理特性中，聚合物辐致电导率及介电性能是评价聚合物充放电行为的重要参数。并且随着近年来对空间环境高低温效应的有效控制，使得空间辐照引起的充放电效应成为阻碍微带天线长期在轨正常运行的重要问题。

▮ 1.2　应用背景

随着大容量通信卫星、高功率雷达侦察卫星及遥感卫星等技术的发展，航天器微波系统工作功率不断提高，微放电效应造成的在轨故障变得突出。在高的射频功率情况下，由于器件内部的二次电子倍增效应以及舱外部件的充放电效应问题越来越严重，航天器载荷中大功率微波部件，如输出多工器、波导系统、高频电缆、滤波器、开关矩阵、航天馈源等极易产生微放电效应，从而可能导致噪声电平抬高、输出功率下降、微波传输系统驻波比增大、反射功率增加、信道阻塞。微放电效应也会使放电表面发生侵蚀现象，导致器件性能逐渐变坏，有效载荷性能下降，甚至航天器载荷永久失效。某种情况下，微放电现象会造成微波器件、部分组件的介质材料、黏结剂等出气，形成局部低真空条件。这时，微波电场可能使低真空环境的气体分子电离，产生功率击穿、电弧放电等低气压放电现象。当微放电过渡到低气压放电后，气体放电会吸收大量微波功率，产生的高温强电离效应会烧坏微波系统，使航天器出现彻底失效的灾难性故障[1]。因此，研究二次电子产生的机理、空间微波部件二次电子发射特性曲线以及探索抑制击穿产生的方法成为空间微波器件设计所急需解决的问题，它对于提高我国卫星和航天器的通信载荷水平、推动我国卫星通信的应用和空间大功率微波设备的发展具有重要的意义。

随着电介质材料（如氧化物、聚合物等）在航天器材料领域的广泛应用，如热包层、涂层、太阳能电池板等，空间环境中的电子和各种带电粒子辐照电介质造成的电荷积累会影响航天器的正常工作，其带电效应也是目前空间等离子体与物质相互作用领域的一个重要研究方向。根据美国宇航公司的统计数据[2]（图 1.2），可导致电介质性能退化和通过强电磁脉冲干扰电子系统的静电放电（Electro-Static Discharge，ESD）占卫星异常事件的 54.2%，成为危害航天器安全的主要因素。ESD 通常源于两种类型的带电[3]：一是数十 keV 至数 MeV 高能电子引起的电介质深层带电（内带电）；二是数十 keV 以下的低能电子及空间等离子体引起的表面带电。空间等离子体作用中又有能量低至 eV 量级的电子辐照。所以，各种能量段下的电子辐照是导致航天器带电和 ESD 的主要原因。航天器大多暴露在等离子体和高能电子辐照环境中，太空环境中导致航天器介质带电的首要辐射源为各种高能量的电子。由电子辐照导致电介质材料内部积累过多的空间电荷而引起的静电放电现象，会导致电介质材料介电性能的降低，并引起器件性能的降低、失效和损坏，以及形成强电磁脉冲干扰电子系统[4]。因此，应深入研究电介质材料的带电过程及其空间电荷分布特性以减少 ESD 的基础。

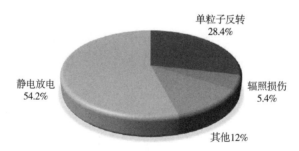

图 1.2   近年来卫星异常事件原因分类

1.3 研究现状

1.3.1 二次电子发射特性的研究

对于微波器件的二次电子倍增效应抑制研究而言，通过表面处理，包括加工表面凹槽和陷阱结构、离子溅射清洗和加热处理等，减小二次电子发射系数以实现抑制二次电子倍增效应的方法得到广泛关注和深入研究。

自 20 世纪 70 年代，欧洲太空总署（ESA，也称欧空局）在近 10 年持续资助了 3 个研究项目对抑制二次电子倍增效应进行专项研究[5]：在研究的初始阶段，主要提出了能有效抑制二次电子发射的各种表面处理技术[6]；在此基础上，第二个项目主要集中于多孔金属表面的研究，并着重研究了二次电子发射抑制特性的环境稳定性问题；此后，第三个项目关注电损耗特性问题[5]。在 2011 年的 MULCOPIM 会议上，研究提出了微纳米量级的表面粗糙结构能显著提高部件的阈值，但也面临两大挑战，即粗糙化表面带来的插入损耗增加问题以及由于水分子吸附过程导致的部件性能环境稳定性问题[5,7]。实际上，加速器领域仍有一些抑制二次电子发射的成果，比较著名的是斯坦福大学课题组 Pivi 和 Wang 等采用 Monte Carlo 方法和 Furman 概率模型研究了规则表面形貌对二次电子发射系数的影响，采用在材料表面刻槽的方法来降低二次电子发射系数[8-9]。2010 年，伊朗 Mostajeran 等研究电子在射频场中的运动，模拟结果显示在二维模型中半球凹陷内部电子的吸附使得二次电子发射系数大大降低[10]。1973 年，林肯实验室的 Henrich 等用 Ar 离子对 Si 材料进行离子清洗，发现二次电子发射系数从 1.5 显著降低至 0.9[11]。2000 年，欧洲核子中心（CERN）的 Baglin 等为了抑制二次电子发射，采用 Ar 离子辉光放电清洗，Cu 材料的二次电子发射系数峰值从 2.4 降低至 1.3，Al 从 3 降低至 1 左右[12]。2006 年，瑞士国家实验室的 Le Pimpec 等，联合斯坦福直线加速器中心（SLAC）的 Kirby 等为了抑制存储环中的二次电子发射，采用不同剂量的 N_2 正离子轰击 TiZrV 薄膜样品，测量得到的二次电子发射系数随离子剂量的增大而降低[13]。2000 年，CERN 的 Bojko 等对 Cu 样品加热至 350 ℃，二次电子发射系数从 2.5 降低至 1.4，这主要是由于加热过程中吸附在表层的水分子脱附造成的，另外对比了 Ar 离子清洗的二次电子发射系数结果，发现离子清洗的二次电子发射系数比加热到 300 ℃以上时的二次电子发射系数要小[14]，说明离子溅射清洗对于抑制二次电子发射系数有更明显的效果。

在二次电子发射及倍增理论分析和数值模拟的研究方面，早期由于计算机尚未普及，依据电子运动方程和谐振条件对平行平板结构的微放电阈值进行解析推导，是当时有关二次电子倍增理论分析的主要内容[15-17]。随着计算机技术的发展，近年来运用计算机对微放电效应进行数值模拟的研究获得了长足的进步。具有代表性的数值模拟方法包括 PIC（Particle-In-Cell）[18]、单电子追踪[19]、统计理论等[20-21]。这类数值模拟方法尽可能逼近实际物理过程，不但能够考虑有关二次电子发射过程的细节问题，而且与成熟的电磁场计算工具相结合，能够对包括同轴、膜片等复杂结构在内微波器件的微放电进行分析。关于二次电子发射理论模型部分将在第 2 章详细介绍。

我国也有很多研究者采用各种方法来抑制二次电子发射。北京真空电子技术研究所为了抑制空间行波管中收集极二次电子发射的危害，采用 Mo 原子离子溅射沉积分析了其对二次电子发射的抑制效果，通过特殊工艺将 Cu 的二次电子发射系数减小到 1 以下，并显著提高了行波管的工作效率[22-25]。此外，西北核物理技术研究所常超等在研究大功率介质窗放电时，通过分析二次电子倍增的演变过程，提出了不同表面构型的情况来抑制电子的单边倍增过程，从而有效提高了放电阈值[26]。中国空间技术研究院西安分院的崔万照团队在研究大功率微放电过程中，深入开展了二次电子发射的实验研究，并搭建了国内首套高精度二次电子测试平台，可原位测量不同温度、离子清洗等条件下的二次电子发射产额和能谱特性，达到了国际领先水平[27-28]。2012 年该团队采用电泳沉积法在镀银基片上沉积纳米碳薄膜，研究表明均匀致密且具有明显陷阱结构的纳米碳薄膜可有效抑制二次电子发射并提高微放电阈值，这为制造大功率微波部件提供了一种新的途径[29]。西安交通大学贺永宁团队从微陷阱结构二次电子陷阱效应的理论分析到圆柱孔陷阱表面实现方法，对采用微陷阱结构抑制航天器微波部件二次电子发射进行了原理性实验研究，同时在大孔隙率条件下能够有效控制插损增幅[30-34]。例如，采用半导体光刻工艺在铝合金镀银试片表面实现了规则微陷阱结构，并进行原位 Ar 离子清洗，二次电子发射系数峰值抑制幅度达到 37.6%。制备的微陷阱结构可将微波器件的微放电阈值提高 4 dB 左右，并能将插入损耗降低至 0.3 dB。2009 年以来，西安交通大学张海波团队基于电子与金属相互作用的 Monte Carlo 模拟，提出了一种新的二次电子与金属表面多次相互作用的多带模型，研究发现矩形槽和圆形坑可以有效抑制二次电子发射[35]。近年来，该团队与中国空间技术研究院西安分院密切合作，开展了金属二次电子发射特性的实验研究工作，对金属材料采用 Ar 离子溅射清洗，可以使 Cu 材料的二次电子发射系数从 2 降低至 1.1 左右[36]，并对航天器常用镀银材料加热至 300 ℃，二次电子发射系数从 2 降低至 1.6 左右[37]。

虽然二次电子发射引起的微放电效应的研究已经进行了超过半个世纪，但由于其物理本质的复杂性，该问题一直没有得到很好解决，不论是有关其形成过程、饱和机理的理论描述，还是有关大功率微波器件的微放电阈值预测，均还在发展中。随着我国高功率微波载荷技术的发展，对二次电子发射的实验验证需求日渐迫切。因此，开展航天器介质材料二次电子发射的实验研究，是我国航天器单机可靠性实验的重要内容，对提高我国高功率微波载荷航天器在轨可靠性具有十分重要的意义。

1.3.2　介质材料的带电特性研究

在空间在轨航天器中，电介质有着很广泛的应用。聚合物电介质如聚酰亚胺、聚四氟乙烯、聚乙烯等由于其密度小、优良的加工性能、热性能、力学性能、介电性能以及良好的抗老化耐力等优点，常用于航天器的结构组件、涂层、热包层、太阳能电池板等。硅氧化物常常用于太阳能电池板表面的覆盖层。另外，航天器内部的印制电路板通常也是由 FR-4 等电介质构成。

在空间环境中，存在着大量的高能电子、等离子体、宇宙射线、质子等。同步地球轨道（GEO）中的航天器在工作时一直暴露在这种环境中。电子辐照导致的介质材料和器件内带电效应是影响卫星器件与系统在轨安全、可靠、长时间运行的关键因素之一。当其发生时，带电效应所产生的直接放电脉冲损伤、强信号馈入等都会直接导致部件的故障，严重的甚至导致航天器永久失效[38]。近年来，由于航天器的静电放电所诱发故障占比超过 50%，并且随着载荷集成度，复杂度的进一步提高使得航天载荷部件对放电的敏感性愈发显著。对于复杂的放电过程，根据电荷积累的位置的不同可以分为表面带电和内带电[39]。而对于表面带电而言，主要关注电子能量低于 50 keV 以下的电子辐照环境，同时带电状态也很大程度上与入射电子能量相关。

对于不同能量的入射电子来说，入射电子与材料相互作用激发出来的二次电子情况也不相同，从而导致的介质材料带电程度甚至类型都会发生变化。一般来说，出射二次电子产额（Secondary Electron Yield, SEY, 即出射二次电子的电子数与入射电子数的比值）会随着入射电子能量的提高而先增大再减小，如图 1.3 (b) 所示。因此，SEY 曲线整体表现出低能端（小于约 50 eV 段除外）出射二次电子多于入射电子，对应于 SEY>1 区域（通常临界能量 E_1 为 3~5 keV）。此时，根据电荷守恒定律，介质样品受电子辐照后通常正带电。而当入射电子能量较高时，对应的 SEY<1，也即出射电子数小于入射电子数。因此，介质材料在较高能量电子辐照下通常带负电，对于空间环境而言，电子的能量覆盖很广，但通常以高能量段为主。根据法国国家空间研究中心（CNES）发布的地球同步轨道 GEO 空间电子能谱数据，入射电子能量主要集中在 10~400 keV 范围，并且呈指数减小趋势。因此，对于空间电子辐照环境下，介质材料主要以负带电为主。

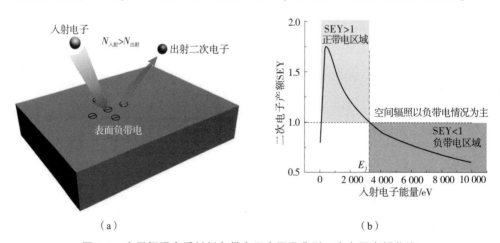

（a）   （b）

图 1.3 电子辐照介质材料负带电示意图及典型二次电子产额曲线

（a）负带电示意图；（b）典型二次电子产额曲线

空间电子辐照电介质带电主要应用于航天器带电研究领域。自从 20 世纪 70 年代起，在调查了 DSCS Ⅱ 9431 等卫星失事事件后，航天器的带电问题首次被提出并掀起了研究热潮。近年来，国内外一些著名的宇航研究机构、大学等相继开展了这一课题的研究工作。

为了获得更为真实的空间电子辐照环境，CNES 连同欧空局（ESA）搭建了主要针对地球同步轨道 GEO 的地面辐照平台。该装置采用高低能两把电子枪来模拟空间电子的多能量环境，入射电子主要设定在 10~400 keV 范围能量段和20 keV 固定能量。通过连续电子照射聚酰亚胺 KAPTON 样品，发现材料表面的负电位逐渐增大，最终达到一个平衡态。而对于不同厚度的 KAPTON 薄膜而言，实验对比了 50.8 μm 和 25.4 μm 两种厚度的样品，发现 50.8 μm 厚度的 KAPTON 样品比 25.4 μm 样品表面负电位更强。此外，还对比了聚酰亚胺 KAPTON 和聚四氟乙烯 PTFE 等不同介质材料受辐照情况，发现在同样 20 keV 电子照射的情况下，材料密度为 1.42 g/cm³ 的 KAPTON 能被电子遂穿 6.6 μm，而材料密度为2.2 g/cm³ 的 PTFE 受电子照射后的遂穿深度只有 4.9 μm。这说明电子辐照在密度更大的材料内进入的深度更浅。在两种材料带电特性的测试中发现，介电常数更大的 KAPTON 材料相比与介电常数较小的 PTFE 在电子照射时表面负电位更强。

电子辐照对电介质所产生的带电效应直观上是引入了表面电位，而本质上则是由于介质样品内部的电荷量所产生的。法国兰斯大学的 O. Jbara 团队采用一种非电导接触式的装置，利用感应电荷来测量辐照 PTFE 介质样品内部的电荷量。为了尽量减少其他外界电场作用，整个感应电荷装置被放置于圆柱形的金属法拉第杯中，受电子辐射的介质样品被一个绝缘圆环隔离放置于感应材料上方。通过测量流入感应材料内的总感应电荷量 Q_{im}，推算受辐射介质样品内的电荷量 Q_t，有

$$Q_{im} = K \cdot Q_t$$

式中系数 K 即静电感应系数。而感应电荷量则可以通过底部的感应电流采用积分来求得。实验测量了在几种不同电子枪加速电压下（对应入射电子能量为 13.7 keV、18.7 keV、23.7 keV）介质样品内所捕获的总电荷量的暂态变化趋势：总电荷量逐渐增加，随着电流的泄漏使平衡最终达到稳定，入射电子能量高的情况，由于出射的电子更少，净入射电子更多，从而对应更大的内部电荷量。

对位移电流的积分只能获得带电总电荷量，为了进一步深入分析电子辐照的带电特性，还需要知道介质材料内部带电具体分布。由于内部的带电特性很难直观获取，日本东京都市大学的 Yasuhiro Tanaka 团队采用了压力波传导的方法来探测受电子辐照下介质内部的电荷分布。通过脉冲电场来激发脉冲声波向带电介质

样品内传导，当脉冲压力波到达有电荷区域时，会导致电荷发生微小位移，从而可以通过两段的电极感应出来。这种内部电荷测量的方法还可以获取电子辐照的介质材料实时内部带电状态，进而得到内部的电场和电位。

实验研究发现，内部的电荷分布在材料表面会出现正负交替的近似等离子区域；对相同材料的介质样品辐照电子，更高的电子能量入射情况对应了更深的内部电荷分布，60 keV 明显比 40 keV 入射得更深些。此外，其在研究不同材料的内部电荷分布时，发现表面电荷区的深度范围 R、材料密度 ρ 和入射电子能量 E_{PE} 满足

$$R = 4\ 070 \times \frac{E_{\mathrm{PE}}^{1.38}}{\rho} \tag{1.1}$$

由于必须在介质两段加上电极使得辐照所产生的内部电荷在输运过程中发生一定的改变，与实际空间电子辐照在悬浮或者单极板接触情况略有不同，所产生的差异以表面临界区域的电荷分布为主。

1.3.3 二次电子动态发射

早在 1899 年 Campbell 就发现了二次电子发射现象，1902 年德国科学家 Austin 和 Starke 报道了二次电子发射现象[40]。对于介质材料来说，当克服表面势垒出射的二次电子数不等于入射到介质材料内部的电子数时，材料内部将会由于这种出入电荷的不平衡产生积累电荷，从而表现出样品带电的现象。因此，二次电子出射产额（SEY）直接关系着介质材料在受电子照射时所携带的电荷量以及所呈现出来的带电状态[41]。

当电子以一定能量入射到样品时，首先电子会与样品内材料发生包括电子散射和电荷输运在内等一系列复杂过程[42]。电子打入样品材料后，会发生弹性和非弹性碰撞过程，并且表层的电子克服功函数离开样品会形成出射二次电子，而沉积在样品内部的电荷则会使样品呈现带电特性。

电子在材料内部行进的过程中，不可避免地与原子或分子发生碰撞，而这种碰撞会使电子按照某种规律改变运动轨迹，这个过程称为散射。电子的散射过程可以根据能量是否损耗分为弹性散射和非弹性散射，如图 1.4 所示。弹性散射是原子核和核外电子云的库仑势对电子的散射。由于原子核的质量远远大于电子的

质量（大 3 个数量级以上），原子和入射电子在散射前后的能量改变均可以忽略不计，只是入射电子的运动方向发生了变化。而在非弹性散射过程中，入射电子与核外电子作用，入射电子在散射前后不仅运动方向发生了变化，而且能量也产生了一定损失，损失的能量将转移给核外电子，使其逃脱原子核束缚，激发成为内二次电子。一部分内二次电子会向表面移动并克服功函数而出射，形成本征二次电子，也叫真二次电子，部分原电子在内部因多次散射改变运动轨迹并损失能量，直至从表面逸出形成非弹性背散射电子，或者消耗全部的能量后停留在样品内部，从而被材料吸收。

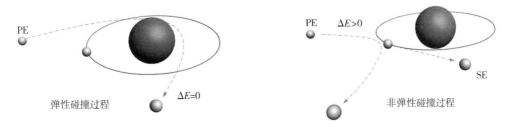

图 1.4 入射电子在与材料碰撞过程中发生的弹性和非弹性碰撞

为了获得较为准确的二次电子发射产额，中国空间技术研究院西安分院搭建了一套精确的二次电子发射测试平台。该平台可以在超高真空环境下测量和研究材料在不同电子入射能量和角度下的 SEY 与 SES，并带有原位的表面处理装置。

该研究平台是由测试平台和两组控制机柜组成的，测试平台主要包括真空系统、测试系统、样品处理系统三部分。图 1.5 所示为二次电子发射特性研究平台的结构原理。主真空室极限真空可达到 10^{-9} Pa，配备了 10 ~ 5 000 eV 和 5 ~ 30 keV 两把电子枪，电子束流为 50 pA ~ 2 nA，主测试室还包含样品加热（最高可达 400 ℃）、Ar^+ 离子清洗、SEM 成像、XPS 表面成分分析等多重功能，并且具有较高的测试精度和稳定性。

对于介质样品来说，电子的持续照射与二次电子出射的不平衡使得样品带电，而表面的带电状态反过来还会影响二次电子的发射，使得二次电子发射呈现动态变化。法国南特科学院的 R. Renoud 等在研究介质材料在电子持续照射下的二次电子发射特性时，发现当入射电子能量较高时（2.5 ~ 10 keV），介质材料表

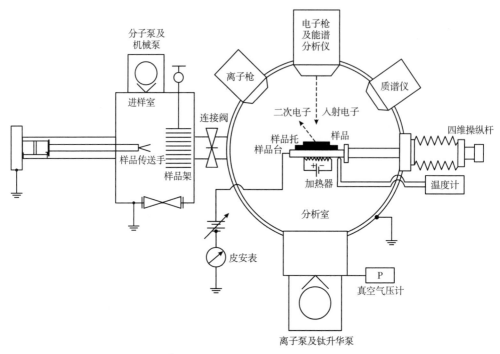

图 1.5   二次电子发射特性研究平台的结构原理

面呈现负带电特性，随着照射的持续，在二次电子产额暂态过程逐渐增大，从初始小于 1 的状态逐渐至 1 附近，并最终达到稳定平衡。而当入射电子能量较低时 (100~1 000 eV)，对应的二次电子产额在照射剂量的持续增加过程中从大于 1 的初始状态逐渐减小到 1，最终到达稳定。在较高能电子入射情况下，出射电子少于入射电子，材料负带电，同时表面负电位会排斥入射电子，降低入射电子能量，从而增大二次电子产额，直至二次电子产额 SEY ≈ 1 达到平衡。而对于入射电子能量较低的情况，初始二次电子产额大于 1，表面正带电，此时出射的二次电子会在局部正电场的作用下返回表面，导致实际逃逸出射的二次电子减小，并最终达到带电的平衡。一般来说，表面正带电只需要表面电位几十 eV 就能拉回出射的二次电子达到平衡，而对于负带电来说当入射电子能量非常大时，表面电位通常能达到数 keV，因此，表面负带电通常表现得更为显著。

　　数值模拟是研究空间电子辐照电介质带电现象的一种重要方法。与在轨监测和地面模拟实验相比，它具有成本低、简便易行的优点，更有助于研究带电动态特性。各大宇航机构更是开发了商业航天器带电软件，并已经投入到实际应用中，如美国宇航局（NASA）的 NASCAP-2K[43]、欧洲宇航局（ESA）等 2002 年支持开发的开源 SPIS[44]、日本宇宙航空研究开发机构（JAXA）2004 年开发的 MUSCAT[45]等。这些商业软件功能强大，能够对空间等离子环境航天器结构建模，在系统级上对航天器带电进行宏观分析，侧重于航天器表面带电及电位的研究，但没有考虑表面条件对二次发射的影响，且缺乏对空间电荷积累微观机理的探讨[44-45]，研究带电过程的动态特性仍然存在多种限制。

第 2 章
二次电子发射理论模型及测量

2.1 二次电子发射数值理论模型

为了量化描述电子与材料相互作用后从材料表面出射的二次电子发射特性，需要采用理论模型获得材料表面出射的二次电子产额。不同能量的入射电子会改变材料表面出射二次电子的产额，因此，需要获得与入射电子能量相关的二次电子产额曲线[46]。目前，计算二次电子产额的主要方法包括宏观参数拟合模型（如 Vaughan 模型、Furman 模型及 Joy-Everhart 模型等）和微观过程跟踪模型（如 Monte Carlo 模型、半物理模型等）。本章就 Vaughan 模型、Furman 模型和 Monte Carlo 模型、半物理模型进行简要介绍。

2.1.1 Vaughan 模型

在 20 世纪末期，Vaughan 在前人 Lye 和 Dekker 的研究基础上，提出了一种新的实验数据拟合的曲线函数。在低入射能部分，采用"通用曲线形状"的 Gibbons 曲线，这是因为 Gibbons 曲线普遍认为具有一般性，作为"通用曲线形状"，研究者认为这对于任何入射角的大多数表面都是二次发射系数一种很好的表达。高入射能量部分，相较 Lye 和 Dekker 曲线，Vaughan 收集了大量实验结果，并归一化它们各自的 V_{max} 和 δ_{max}，得到相似的曲线如图 2.1 所示。

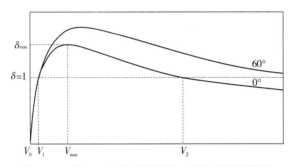

图 2.1　0° 和 60° 入射时典型的二次电子发射曲线

相应的模型 SEY 计算公式为

$$\frac{\delta}{\delta_{\max}} = (v e^{1-v})^k, \quad v = \frac{V_i - V_0}{V_{\max} - V_0} \tag{2.1}$$

式中：$V_{\max}$ 为二次电子发射曲线 SEY 最大值点；V_0 为二次电子发射系数大于 0 的入射电压，参考实际值设为 12.5 V；k 为拟合参数，有

$$k = k_1 = 0.62 \quad v < 1 \tag{2.2}$$

$$k = k_2 = 0.25 \quad v > 1 \tag{2.3}$$

使用上述 k 的值，Vaughan 公式将与 Gibbons 曲线拟合得非常接近，在低入射能量下，相比 Lye 和 Dekker 的曲线能更好地满足"通用曲线形状"，在高入射能量下，能够更好地贴合实验测试的 SEY 曲线。值得注意的是，在 $v = 1$ 时 k 值存在不连续，虽然这在实际情况考虑 SEY 值时无关紧要；但是，为保证其模型的严谨性，k 的不连续性可以通过以下公式进行调节，即

$$k = \frac{k_1 + k_2}{2} - \frac{k_1 - k_2}{\pi} \arctan(\pi \ln v) \tag{2.4}$$

式中，$k_{1,2}$ 可以通过准确地测量 V_1 和 V_2 来确定，有

$$k_{1,2} = \frac{\ln \delta_{\max}}{v_{1,2} - \ln v_{1,2} - 1} \quad v_{1,2} = \frac{V_{1,2} - V_0}{V_{\max} - V_0} \tag{2.5}$$

而后 1993 年，根据 Shih 和 Hor 新收集的准确数据，Vaughan 对原有模型进行了适当的修改，最终的二次发射系数的公式为

$$v = \frac{V_i - V_0}{V_{\max} - V_0} \cdot \left(\frac{1e}{1e}\right) = \frac{E_i - E_0}{E_{\max} - E_0} \tag{2.6}$$

式中：E_i 为粒子的撞击能；E_0 为 SEY>0 时粒子的撞击能量。另外

$$\frac{\delta(\theta)}{\delta_{max}(\theta)} = (v e^{1-v})^{k} \quad v \leqslant 3.6 \tag{2.7}$$

$$\frac{\delta(\theta)}{\delta_{max}(\theta)} = \frac{1.125}{v^{0.35}} \quad v \geqslant 3.6 \tag{2.8}$$

这里 k 的取值为

$$k = k_1 = 0.56 \quad v < 1 \tag{2.9}$$

$$k = k_1 = 0.25 \quad 1 < v \leqslant 3.6 \tag{2.10}$$

计算出所需要计算 SEY 的最大值为

$$E_{max}(\theta) = E_{max}(0)\left(1 + \frac{k_{sE}\theta^2}{2\pi}\right) \tag{2.11}$$

$$\delta_{max}(\theta) = \delta_{max}(0)\left(1 + \frac{k_{s\theta}\theta^2}{2\pi}\right) \tag{2.12}$$

至此，Vaughan 模型不仅充分吸取了前人研究的成果，而且根据同时代学者的研究成果不断对自己的模型进行修正，在形式上极其简化，在精度上也达到了一定的水平，因此 Vaughan 模型曾一度为研究者所青睐，甚至是现在，仍然有很多的研究者在使用 Vaughan 模型。但是，毕竟 Vaughan 模型考虑的物理内容比较少，不是很接近物理实际，在某些方面的研究还是存在一定误差的。

2.1.2 Furman 模型

Furman 模型是 Furman 和 Pivi 于 2002 年首次公布的二次电子发射模型，也称为 F-P 模型。该模型首次根据二次电子出射能量之间的差异，将二次电子细分为真二次电子、非弹性背散射电子和弹性背散射电子三大部分进行建模，并提出了基于概率模型的二次电子分布理论。Furman 模型的独到之处在于其基于物理机理进行详细的理论分析，以及根据二次电子的不同分类建立了与之对应的二次电子发射模型。另外，在模型中加入概率分布，更接近于二次电子发射随机特性的真实过程。因此，Furman 模型是目前与实验结果吻合最好的模型。但是由于其表达式比较复杂，可调参量众多，适用性相对较差。

1. 弹性背散射电子

弹性背散射电子具有它自身的二次电子发射系数和能谱模型，根据 Furman

模型的处理思想，二次电子发射系数与对应能量下的二次电子发射能谱区域面积积分的结果一致。

$$\delta_{e}(E_0,\theta_0)=\left\{P_{1,e}(\infty)+\left[P_{1,\text{emax}}-P_{1,e}(\infty)\right]\exp\left(-\frac{|E_0-E_{\text{emax}}|^p}{pW^p}\right)\right\}\cdot \quad (2.13)$$
$$\left[1+e_1(1-\cos^{e_2}\theta_0)\right]$$

$$f_{1,e}=\theta(E)\theta(E_0-E)\delta_{e}(E_0,\theta_0)\frac{2\exp\left[\dfrac{-(E-E_0)^2}{2\sigma_e^2}\right]}{\sqrt{2\pi}\,\sigma_e\,\text{erf}\left(\dfrac{E_0}{\sqrt{2}\,\sigma_e}\right)} \quad (2.14)$$

式中：$P_{1,e}(\infty)$ 为电子垂直入射，且入射电子能量趋于无穷大时的弹性背散射系数；$P_{1,\text{emax}}$ 为电子垂直入射时弹性背散射系数的最大值；E_{emax} 为电子垂直入射时弹性背散射系数达到最大值所对应的入射电子能量；W 和 p 为拟合参数，共同决定电子垂直入射时弹性背散射二次电子发射系数峰的宽度和曲线变化趋势；$\theta(x)$ 函数的作用在于确保括号内的值非负，从而确定变量范围；$\text{erf}(x)$ 函数是误差函数。整个弹性背散射电子能谱表达式在 $E=E_0$ 处达到最大值。

2. 非弹性背散射电子

根据上述分析可以看出，非弹性背散射产生的概率比较小，且跨度比较大。

$$\delta_{r}(E_0,\theta_0)=\left\{P_{1,r}(\infty)+\left[1-\exp(-(E_0/E_r)^r)\right]\right\}\cdot\left[1+r_1(1-\cos^{r_2}\theta_0)\right] \quad (2.15)$$

$$f_{1,r}=\theta(E)\theta(E_0-E)\delta_{r}(E_0,\theta_0)\frac{(q+1)}{E_0}\left(\frac{E}{E_0}\right)^q \quad (2.16)$$

式中：$P_{1,r}(\infty)$ 为电子垂直入射，且入射能量趋于无穷大时的非弹性背散射系数；E_r 和 r 决定垂直入射时非弹性背散射电子发射系数的变化趋势；r_1 和 r_2 决定角度对非弹性背散射电子发射系数的影响；$\theta(x)$ 函数的作用在于确保括号内的值非负，从而确定变量范围；对于给定的 q 值，整个非弹性背散射电子能谱表达式为指数函数。

3. 真二次电子

真二次电子比弹性和非弹性背散射电子复杂。真二次电子个数的随机性以及不同出射个数情况的概率差异，决定了真二次电子发射能谱结构的复杂性。

$$\delta_{ts}(E_0,\theta_0) = \delta_{tsmax}(0) \cdot \cfrac{\cfrac{s \cdot E_0 \cdot [1+t_1(1-\cos^{t_2}\theta_0)]}{E_{tsmax}(0) \cdot [1+t_3(1-\cos^{t_4}\theta_0)]}}{s-1+\left\{\cfrac{E_0}{E_{tsmax}(0) \cdot [1+t_3(1-\cos^{t_4}\theta_0)]}\right\}^s} \qquad (2.17)$$

$$\frac{\mathrm{d}\delta_{ts}}{\mathrm{d}E} = \sum_{n=1}^{\infty} \frac{nP_{n,ts}(E_0)\left(\dfrac{E}{\varepsilon_n}\right)^{p_n-1}\mathrm{e}^{-E/\varepsilon_n}}{\varepsilon_n\Gamma(p_n)P\left(np_n,\dfrac{E_0}{\varepsilon_n}\right)} \times P\left[(n-1)p_n,\frac{(E_0-E)}{\varepsilon_n}\right] \qquad (2.18)$$

当满足 $E_0 \gg E$ 的条件时，可以得到进一步简化，即

$$\frac{\mathrm{d}\delta_{ts}}{\mathrm{d}E} = \sum_{n=1}^{\infty} nP_{n,ts}(E_0)\frac{\left(\dfrac{E}{\varepsilon_n}\right)^{p_n-1}\mathrm{e}^{-E/\varepsilon_n}}{\varepsilon_n\Gamma(p_n)} \qquad (2.19)$$

式中：$\delta_{tsmax}(0)$ 为垂直入射时真二次电子发射系数所能达到的最大值；$E_{tsmax}(0)$ 为垂直入射条件下真二次电子发射系数达到最大值时所对应的入射电子能量；s 决定真二次电子发射系数的变化趋势；t_1、t_2、t_3、t_4 共同决定入射角变化对真二次电子发射系数的影响；$P_{n,ts}(x)$ 为概率分布函数；$\Gamma(x)$ 为典型的 Gamma 函数；$P(z,x)$ 为不完备 Gamma 函数；n 为单个电子入射到材料表面时产生二次电子的个数，n 取值一般小于 10；ε_n 和 p_n 为拟合参数。

真二次电子的能谱模型相比于弹性和非弹性背散射能谱，考虑了概率模型，结构复杂，参数较多。

4. 二次电子发射能谱

$$\frac{\mathrm{d}\delta}{\mathrm{d}E} = f_{1,e} + f_{1,r} + \frac{\mathrm{d}\delta_{ts}}{\mathrm{d}E} \qquad (2.20)$$

Furman 模型最大的优势在于其基于物理机理分别讨论了 3 种类型的二次电子，并建立了对应的表达形式，这是相当大的突破。另外，该模型在真二次电子部分引入"概率模型"，更接近于二次电子发射随机性的物理本质。因此，Furman 模型在理论方面具有很大的进步，考虑的因素也比较全面。尤其是对单电子和多电子事件的分析，即单电子事件表示出射二次电子的个数为 1 个，二次电子只可能是弹性背散射电子、非弹性背散射电子及真二次电子 3 种之一，而多电子事件只可能发生于真二次电子出射的情况；Furman 模型比较好地分析了二

次电子发射的物理过程，理论比较充实。然而，Furman 模型的表达式比较复杂，未知参量非常多。另外，在 Furman 模型的表达式中包含的关于二次电子发射物理机理的参量比较少，对于不同材料、不同入射电子能量和入射角，拟合二次电子发射能谱没有统一的参数调节标准；对于特定材料、入射能量的情况进行精确仿真可能会得到比较好的结果，但是不利于普遍意义的精确仿真。因此，Furman 模型的实际应用价值受到比较大的约束。

2.1.3　Monte Carlo 数值模型

对二次电子发射特性的定量描述，除了以结果为导向的参数化拟合模型外，还可以通过跟踪电子运动过程，最终通过统计的方法获得发射特性。当电子以一定能量入射到样品时，首先电子会与样品内材料发生包括电子散射和电荷输运在内的一系列复杂过程。本节采用基于 Monte Carlo 方法（简称 MC 方法）进行电子散射和输运过程的模拟。考虑到 Monte Carlo 方法在计算机大量随机事件模拟上的适应性，这种 MC 模拟的方法已经被广泛应用于凝聚态物理、应用物理、理论物理、化学以及非线性现象等诸多领域的理论研究和分析中，并成为科学研究的一种标准手段。电子打入样品材料后，会发生弹性和非弹性碰撞过程，并且表层的电子克服功函数离开样品会形成出射二次电子。此外，沉积在样品内部的电荷则会发生输运过程。由于本书研究的入射电子均为 10 keV 以下，弹性散射过程采用 Mott 散射模型；而非弹性散射则采用了 Penn 介电函数模型和快二次电子模型。

1. 入射电子的散射模型

电子在材料内部行进的过程中不可避免地与原子或分子发生碰撞，这种碰撞会使电子按照某种规律而改变运动轨迹，这个过程称为散射。电子的散射过程可以根据能量是否损耗分为弹性散射和非弹性散射。弹性散射是原子核和核外电子云的库仑势对电子的散射。由于原子核的质量远远大于电子的质量（大 3 个数量级以上），原子和入射电子在散射前后的能量改变均可以忽略不计，只是入射电子的运动方向发生了变化。而在非弹性散射过程中，入射电子在散射前后不仅运动方向发生了变化，而且能量也产生了一定损失。

要分析电子的散射过程，首先需要计算电子的散射截面。电子的散射截面根据散射类型的不同，同样分为弹性散射截面和非弹性散射截面。入射电子的弹性散射截面是入射电子的微分弹性散射截面对各个方向的积分，而入射电子的非弹性散射截面则是入射电子的微分非弹性散射截面对各个方向和各种能量损失的积分。其中，微分弹性散射截面是入射电子弹性散射到某一方向单位立体角内的概率 $d\sigma_e/d\Omega$，总的弹性散射截面为入射电子的微分弹性散射截面对各个方向的积分，即

$$\sigma_e = \int \frac{d\sigma_e}{d\Omega} d\Omega \tag{2.21}$$

而原子的非弹性散射截面 σ_{in} 是原子的微分非弹性散射 $\sigma'_{in}(\Omega, E_f)$ 在所有立体角和所有入射电子终态能量 E_f 范围内的双重积分，即

$$\sigma_{in} = \iint \sigma'_{in}(\Omega, E_f) d\Omega dE_f \tag{2.22}$$

1）弹性散射模型

对于不同能量的入射电子的弹性散射过程，可以采用不同的散射截面来描述。对于高能量的入射电子（大于 10 keV），在描述电子弹性散射模型时，在 Born 近似下可以通过求解 Schrodinger 方程得到微分散射截面，即 Rutherford 弹性散射模型。而对于入射电子能量较低时（大于 10 keV），Born 近似已不再成立，准确的微分弹性散射截面应该由相对论的狄拉克方程导出，即采用散射分波法得到数学表达式。因此，针对本书研究的入射电子能量在 10 keV 以下的条件，采用 Mott 散射模型来计算微分散射截面。Mott 弹性散射是与自旋有关的电子弹性散射理论，入射电子的初始平面波在传递过程中有各自的相移，而对应的散射振幅为分波的求和，因此 Mott 微分弹性散射截面可以表示为

$$\frac{d\sigma_e}{d\Omega} = |f(\theta)|^2 + |g(\theta)|^2 \tag{2.23}$$

式中：σ_e 为弹性散射截面（cm^2/atom）；Ω 为立体角（°）；$f(\theta)$ 和 $g(\theta)$ 为入射分波函数和散射分波函数，可以通过分波法求得，即

$$f(\theta) = \frac{1}{2ik} \sum \{(l+1)[\exp(2i\eta_l) - 1] + l[\exp(2i\eta_{-l-1}) - 1]\} P_l(\cos\theta)$$

$$\tag{2.24}$$

$$g(\theta) = \frac{1}{2ik} \sum \left[-\exp(2i\eta_l) + \exp(2i\eta_{-l-1}) \right] P_l^{(1)}(\cos\theta) \tag{2.25}$$

式中：求和号中的 $l = 0,1,2,\cdots,\infty$ 是分波的编号；$P_l(\cos\theta)$ 和 $P_l^{(1)}(\cos\theta)$ 分别为 Legendre 函数和一阶联立 Legendre 函数。各分波的相移 η_l、η_{-l-1} 由中心势场 Dirac 方程的径向解得到。

对 Mott 微分散射截面在各个方向上的积分便可以得到 Mott 弹性散射的总散射截面，即

$$\sigma_e = 2\pi \int_0^\pi \frac{\mathrm{d}\sigma_e}{\mathrm{d}\Omega} \sin\theta \mathrm{d}\theta \tag{2.26}$$

在求出对应入射电子能量下的散射截面后，可以通过一个 0~1 之间的随机数 R_{Mott} 来得到弹性散射角，即

$$R_{\mathrm{Mott}} = \frac{\displaystyle\int_0^{\theta_M} \frac{\mathrm{d}\sigma_e}{\mathrm{d}\Omega} \sin\theta \mathrm{d}\theta}{\displaystyle\int_0^\pi \frac{\mathrm{d}\sigma_e}{\mathrm{d}\Omega} \sin\theta \mathrm{d}\theta} \tag{2.27}$$

对于多元素的化合物材料来说，首先需要判断是与哪一种原子发生弹性碰撞。这里仍然需要使用一个随机数 R_{MottAtom} 来判断是与哪一个原子发生弹性散射。对于一个含有 N 种元素的化合物，电子与第 i 种元素发生弹性散射的概率 P_i 为

$$P_i = \frac{C_i \sigma_i}{\displaystyle\sum_{i=1}^N C_i \sigma_i} \tag{2.28}$$

而当随机数 R_{MottAtom} 满足

$$\sum_{i=1}^{k-1} P_i < R_{\mathrm{MottAtom}} < \sum_{i=1}^k P_i \tag{2.29}$$

电子则跟第 k 种原子发生弹性碰撞（当 $k=1$ 时，左式为 0）。

2）非弹性散射模型

除了无能量损耗的弹性散射外，电子与样品材料还会发生有能量损耗的非弹性散射过程。为了提高模型的准确性，本书对非弹性散射模型在不同电子能量段采用不同的模型。对于能量高于 3 keV 的电子采用快二次电子模型来模拟非弹性散射过程，而当能量低于 3 keV 时，更适合用 Penn 介电函数模型来处理。

（1）快二次电子模型

对于快二次电子模型，电子与样品在非弹性散射过程中考虑量子力学的微分散射截面 $d\sigma_{in}/d\Omega$ 为

$$\frac{d\sigma_{in}}{d\Omega} = \frac{\pi e^4}{E^2}\left[\frac{1}{\Omega^2} + \frac{1}{(1-\Omega)^2} + \left(\frac{\tau}{\tau+1}\right)^2 - \frac{2\tau+1}{(\tau+1)^2\Omega(1-\Omega)}\right] \tag{2.30}$$

式中：E 为电子能量（keV）；Ω 为归一化的能量损失系数，即损失能量与散射前电子能量之比；τ 为电子的动能与静止质能之比。

考虑到电子的能量范围（小于 10 keV）时 $\tau \ll 1$，因此，式（2.30）的微分截面可简化为

$$\frac{d\sigma_{in}}{d\Omega} = \frac{\pi e^4}{E^2}\left[\frac{1}{\Omega^2} + \frac{1}{(1-\Omega)^2} - \frac{1}{\Omega(1-\Omega)}\right] \tag{2.31}$$

考虑到每一次非弹性散射过程中电子量的损失不能超过一半，也即 $0 < \Omega \leqslant 0.5$，因此，总非弹性散射截面可以表示为

$$\sigma_{in} = \int_{\Omega_c}^{0.5}\frac{d\sigma_{in}}{d\Omega}d\Omega = \frac{\pi e^4}{E^2}\left[\frac{1}{\Omega_c} - \frac{1}{1-\Omega_c} + \ln\left(\frac{\Omega_c}{1-\Omega_c}\right)\right] \tag{2.32}$$

同样地，非弹性散射过程的散射角和可能激发的二次电子可以通过一个随机数 R_{QSE} 来获得，即

$$R_{QSE} = \frac{\displaystyle\int_{\Omega_c}^{\Omega_{QSE}}\frac{d\sigma_{in}}{d\Omega}d\Omega}{\sigma_{in}} \tag{2.33}$$

通过确定损失系数 Ω_{QSE}，求得入射电子的散射角为

$$\sin^2\theta = \frac{2\Omega_{QSE}}{2+\tau-\tau\Omega_{QSE}} \tag{2.34}$$

二次电子的散射角为

$$\sin^2\phi = \frac{2(1-\Omega_{QSE})}{2+\tau\Omega_{QSE}} \tag{2.35}$$

对于非弹性散射过程中的能量损耗，快二次电子模型采用 Joy 和 Luo 修正的 Bethe 能量损失公式来处理。电子在单位长度内的能量损失为

$$\left(\frac{dE}{dS}\right)_{Bethe} = 78\,500\,\frac{\rho Z}{AE}\ln\left(\frac{1.166(E+kJ)}{J}\right) \quad \text{keV/cm} \tag{2.36}$$

式中：Z 为材料原子序数；A 为原子质量（g/mol）；ρ 为材料密度（g/cm³）；J 为材料的平均电离能（keV）；k 为与原子序数 Z 相关的电离能修正系数。

对于化合物材料，以上的原子序数 Z、原子质量 A 以及平均电离能 J 为各种元素的权重平均。

（2）介电函数模型

对于低能入射电子（小于 3 keV），Penn 提出的基于光学常数的介电函数模型更加适用于介质在低能电子束照射下的非弹性散射问题。由于介质中的电子非弹性散射主要与价电子激发相关，因此可以使用介电函数理论来得到其非弹性散射截面。但是，在实际中与动量转移及能量损失相关的介电函数往往难以得到。Penn 提出，通过将实验光学常数扩展到未知的动量转移区域，就可以求得相应的介电函数。本研究即采用 Penn 介电函数模型来计算低能入射电子（小于 3 keV）的非弹性散射截面。对应的非弹性微分散射截面为

$$\frac{\mathrm{d}\sigma_{\mathrm{in}}(E,\hbar\omega)}{\mathrm{d}(\hbar\omega)}=\frac{me^2}{2\pi\hbar^2 NE}\mathrm{Im}\left[-\frac{1}{\varepsilon(0,\hbar\omega)}\right]S\left(\frac{\hbar\omega}{E}\right) \tag{2.37}$$

式中：m 为电子质量；e 为基元电子电荷；N 为材料的分子数密度；E 为入射电子能量；$\hbar$ 为约化普朗克常数；$\hbar\omega$ 为能量损失。非弹性总散射截面可以由微分截面积分得到。

在 Penn 模型中除了考虑电子与电子的相互作用外，还考虑了电子与声子的相互作用。在入射电子能量低于数个材料禁带宽度时，电子与声子相互作用的概率会快速增加。根据 Frohlich 的理论，对于一个能量为 E 的电子，其与晶格振动相互作用，产生一个能量为 $\hbar\omega$ 的纵向光学声子（根据能量守恒，电子的能量损失也为 $\hbar\omega$）的平均自由程的倒数为

$$\lambda_{\mathrm{in-phonon}}^{-1}=\frac{1}{a_0}\left|\frac{\dfrac{1}{(\mathrm{e}^{\hbar\omega/kT}-1)}+1}{2}\right|\cdot\left|\frac{1}{\varepsilon(\infty)}-\frac{1}{\varepsilon(0)}\right|\cdot\frac{\hbar\omega}{E}\ln\left\{\frac{\left[1+\left(1-\dfrac{\hbar\omega}{E}\right)^{1/2}\right]}{\left[1-\left(1-\dfrac{\hbar\omega}{E}\right)^{1/2}\right]}\right\}$$

$$\tag{2.38}$$

式中：a_0 为玻尔半径；k 为玻尔兹曼常数；$\varepsilon(0)$ 和 $\varepsilon(\infty)$ 分别为材料的静态介电常数和高频介电常数。电子与声子相互作用的能量损失的取值为 $W_{\mathrm{ph}}=\hbar\omega=0.1$ eV。

此外，Penn 模型中还考虑了低能电子将受自身附近所产生的感应极化场的极化子效应。根据 Ganachaud 等的理论，低能电子由于极化子效应而被离子晶格所捕获的平均自由程的倒数为

$$\lambda_{\text{in-polaron}}^{-1}(E) = Ce^{-\gamma E} \tag{2.39}$$

式中：C 和 γ 均为与材料特性相关的常数。根据 Ganachaud 等的假设，当低能电子产生极化子，电子的剩余能量几乎可以被忽略，从而相当于被捕获。

由于在 Penn 介电函数模型中考虑了电子与电子、声子以及极化子的作用，因此，首先需要判断是发生了哪一种非弹性散射作用。本书采用 Penn 模型下非弹性散射的总平均自由程倒数来判断，即

$$\lambda_{\text{in}}^{-1} = (\lambda_{\text{in-electron}})^{-1} + (\lambda_{\text{in-phonon}})^{-1} + (\lambda_{\text{in-polaron}})^{-1} \tag{2.40}$$

并求出每一种散射所发生的概率，即 $\lambda_{\text{in}}/\lambda_{\text{in-electron}}$、$\lambda_{\text{in}}/\lambda_{\text{in-phonon}}$ 和 $\lambda_{\text{in}}/\lambda_{\text{in-polaron}}$，然后通过一个随机数 $R_{\text{in-Penn}}$ 来判断发生哪一种散射过程。

在确定发生哪一种散射后，需要得到非弹性散射过程中的电子能量损失以及散射角。

当发生电子与电子的非弹性散射时，类似于快二次电子模型，这里依然使用一个随机数 $R_{\text{in-We}}$ 来计算电子的能量损失 W 以及散射角 θ，即

$$R_{\text{in-We}} = \frac{1}{\sigma_{\text{in}}(E)} \int_0^W \frac{\mathrm{d}\sigma_{\text{in}}(E, \hbar\omega)}{\mathrm{d}\hbar\omega} \mathrm{d}\hbar\omega \tag{2.41}$$

当确定电子的能量损失 W 后，可以分别计算入射电子的散射角和产生二次电子的散射角，而对应的方位角均采用 $0 \sim 2\pi$ 的随机均匀分布。

当发生电子与声子的非弹性散射时，电子能量损失 $W = \hbar\omega$，并且根据 Llacer 等的理论，其散射角也可以由一个随机数 μ_s 得到，即

$$\cos\theta = \left(\frac{E+E'}{2\sqrt{EE'}}\right)\left[1 - \left(\frac{E+E'+2\sqrt{EE'}}{E+E'-2\sqrt{EE'}}\right)^{\mu_s}\right] + \left(\frac{E+E'+2\sqrt{EE'}}{E+E'-2\sqrt{EE'}}\right)^{\mu_s} \tag{2.42}$$

式中：E 和 E' 分别为电子与声子相互作用之前和之后的能量。

当产生极化子效应时，电子被认为被材料束缚到材料内部，不再跟踪其轨迹。

2. 内电子跨越表面势垒出射

当内部电子跨越表面势垒透射后，才能最终形成出射二次电子。这里内电子可能包括原入射电子和激发出来的内二次电子，在跨越势垒时我们做统一考虑。当电子到达内表面时需要克服表面势垒才能出射到真空。在计算电子的透射概率

时，需要同时考虑电子的能量 E_{in} 和势垒的形状 $U(x)$。对于特定的表面势垒分布 $U(x)$，可以通过求解薛定谔方程来得到金属内部和势垒外部的电子态密度，并根据势垒两侧电子态密度之比得到透射系数 $T(E_{in})$。对于一定的势垒分布 $U(x)$，电子波函数 ψ 满足薛定谔方程，即

$$\frac{\partial^2 \psi(x)}{\partial x^2} + [E_{in} - U(x)]\psi(x) = 0 \tag{2.43}$$

在金属内部和表面势垒以外的真空区域，$U(x)$ 为常数；对于以简单的矩形势垒为例，透射系数 T 为

$$T(E+U) = \begin{cases} 0, & E<0 \\ \dfrac{4\sqrt{1-(U+E_F)/(E+E_F+U)}}{\left(1+\sqrt{1-(U+E_F)/(E+E_F+U)}\right)^2}, & E>0 \end{cases} \tag{2.44}$$

式中：E_F 为材料的费米能。

透射系数随电子能量的变化关系如图 2.2 所示。

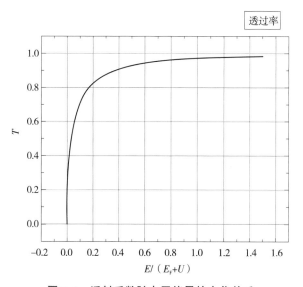

图 2.2　透射系数随电子能量的变化关系

采用 MC 方法计算电子发射时，当获得一定能量电子在表面势垒下的投射系数时，通过产生一个随机数可判断电子是否能够从表面出射形成二次电子。

3. 电子散射的模拟流程

对于大量电子与样品的散射过程，本书采用 MC 方法对散射过程进行数值模

拟能。具体的模拟流程如下。

（1）根据入射电子的能量计算电子的步长，并得到下一个时刻位置的坐标。

（2）由弹性自由程的倒数 λ_e^{-1} 和非弹性自由程的倒数 λ_{in}^{-1} 占总平均自由程倒数 $\lambda_m^{-1}=\lambda_e^{-1}+\lambda_{in}^{-1}$ 的比例，即 λ_m/λ_e 和 λ_m/λ_{in}，使用一个 $0\sim1$ 的随机数 R_{e-in} 来判断是否发生弹性散射。

（3）当发生弹性散射时，电子按照 Mott 弹性散射模型，计算散射后的角度。当发生非弹性散射时，先根据入射电子能量的大小选择使用哪种非弹性散射模型：当大于 3 keV 时使用快二次电子模型；当小于 3 keV 时使用 Penn 介电函数模型。对于快二次电子模型，当散射损失的能量大于电介质材料的禁带宽度时产生一个二次电子，并在碰撞位置留下一个空穴。而对 Penn 模型中，当非弹性散射模型为电子与电子散射时，则会产生一个二次电子，同样留下一个空穴。

（4）对于散射后的电子和新产生的二次电子进行坐标变换后，判断其下一步是否会离开样品。如果离开样品，此电子跟踪结束，并记录出射情况；如果仍然在样品内部，则转到第（1）步，继续跟踪它的下一次散射情况。

当所有电子全部跟踪结束后，记录所有内部沉积的电荷分布以及出射电子数量。

基于上述 Monte Carlo 模拟方法，以聚四氟乙烯 PTFE 为例，如图 2.3 所示，将计算的二次电子发射产额与相关实验和理论研究结果进行对比。

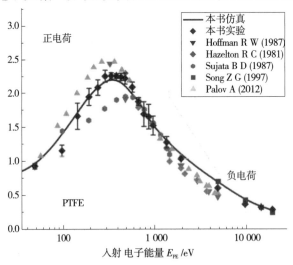

图 2.3　基于 Monte Carlo 模拟方法计算的 PTFE 二次电子产额

2.1.4　半物理模型

除了跟踪内电子所有过程的 Monte Carlo 模拟方法外，对于二次电子的计算还可以采用二次电子发射的半物理模型来进行计算，相比而言，这种方法更简便。入射后电子的运动过程包括内二次电子的激发过程、内二次电子的运动、内电子越过表面势垒以及角度修正和背散射修正，如图 2.4 所示。

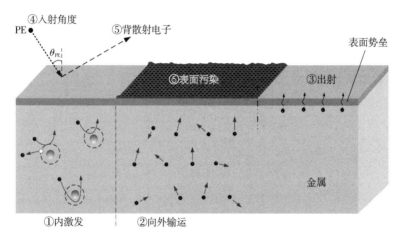

图 2.4　二次电子半物理模型模拟示意图

1. 内二次电子激发

一定能量的电子入射到金属材料内部并发生散射时，在其入射深度范围内会激发出内二次电子，因此一定能量的入射电子在材料中的电子射程是与二次电子发射密切相关的参数。

对于非晶态材料，电子射程 $R(E_{pe})$ 与入射电子能量满足以下关系，即

$$R(E_{pe}) = \frac{L_k}{\rho_r}\left(\frac{E_{pe}}{E_k}\right)^{\alpha} \tag{2.45}$$

式中：E_{pe} 为入射电子的能量；E_k 取值为 1 keV；L_k 为 Lane-Zaffarano 常数，其取值为 76 nm；ρ_r 为材料相对于水的密度。常用航天金属材料的密度如表 2.1 所示。

表 2.1　常见航天金属材料的密度

材料名称	原子序数 Z	密度/(g·cm^{-3})
金（Au）	79	19.30

续表

材料名称	原子序数 Z	密度/$(\mathrm{g \cdot cm^{-3}})$
银（Ag）	47	10.49
铜（Cu）	29	8.96
铝（Al）	13	2.70

式（2.45）还可以表示为

$$\ln\left(\frac{R(E_{\mathrm{pe}})}{L_{\mathrm{k}}}\right) = \alpha \ln\left(\frac{E_{\mathrm{pe}}}{E_{\mathrm{k}}}\right) - \ln \rho_{\mathrm{r}} \qquad (2.46)$$

可以看出，α 反映了一定能量的电子在材料中的穿透能力。对于一定的入射电子能量 E_{pe}，α 取值越大则电子射程 $R(E_{\mathrm{pe}})$ 越大，电子在材料中的穿透能力越强；反之，α 越小则表明一定能量的电子在材料中的穿透能力越弱。Lane 和 Zaffarano 认为，α 是一个与材料无关的常数 1。这一结论对于入射电子能量较高（大于数 keV）时符合得较好，而当电子能量较小时，误差较大。通过分析 NIST 给出的数据，结合对电子散射过程的计算机模拟研究发现以下性质。

（1）原子序数越大的材料，电子在其中发生弹性散射时平均角度偏转越大，从而导致电子的穿透能量越弱。

（2）原子序数越大的材料，核外电子数目越多。入射电子与材料核外电子发生能量交换而损失能量的概率越大，这也会导致减弱电子的穿透能力。

通过定量分析发现，电子射程中系数 α 与材料有关，针对铝、金、银、铜等材料得到系数与材料原子序数满足以下关系，即

$$\alpha = 1.26 + 0.46 \exp\left(\frac{-Z}{19.92}\right) \qquad (2.47)$$

系数 α 与原子序数的关系如图 2.5 所示。

入射电子在材料中会发生一系列非弹性散射。因此，在电子射程范围内会激发具有一定能量的内二次电子。严格地说，内二次电子数目在入射电子射程的不同位置会有所不同，也就是说，内二次电子密度在深度方向上会有一定的分布。但是在与二次电子出射密切相关的逃逸深度范围内，内二次电子的分布是接近均匀的，于是可以有以下近似，即

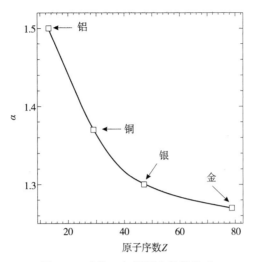

图 2.5　系数 α 与原子序数的关系

$$n(z) = \frac{N(E_{pe})}{R(E_{pe})} \qquad (2.48)$$

式中：$R(E_{pe})$ 为入射电子的射程；$N(E_{pe})$ 为内二次电子的总个数。

2. 内二次电子的运动

由入射电子激发的内二次电子在材料内部运动时会与自由电子和晶格原子等发生碰撞损失能量，经过一定的距离之后，内二次电子如果不能到达材料表面，就有可能会因为能量损失而被材料原子捕获，停留在材料中。因而只有一部分内二次电子能够运动到材料表面。Bruining 和 Wittry 等将内二次电子的运动方向简化为向上和向下两种情况，认为深度为 z 的内二次电子运动到材料表面的概率为

$$p(z) = \frac{1}{2}\exp\left(-\frac{z}{\lambda_{eff}}\right) \qquad (2.49)$$

式中：λ_{eff} 为内二次电子的有效逃逸深度。

内二次电子实际的运动方向并非简单的向下或者向上，而是可能向各个方向运动。特定方向运动的电子，设其在出射的行程中运动 ds 被吸收的概率是 $p_{abs}(ds)$，该概率值是和行程 ds 成正比的，即

$$p_{abs}(ds) = \gamma ds \qquad (2.50)$$

式中：γ 为比例常数，代表单位行程上的吸收系数。根据式（2.50）可知内二次电子在 ds 的行程中不被吸收的概率为

$$f(\mathrm{d}s) = 1 - p_{\mathrm{abs}}(\mathrm{d}s) = 1 - \gamma \mathrm{d}s \tag{2.51}$$

如果电子经过 s 距离不被吸收的概率是 $f(s)$，经过 $s+\mathrm{d}s$ 距离仍不被吸收的概率是 $f(s+\mathrm{d}s)$，则按照概率的知识可得到

$$f(s+\mathrm{d}s) = f(s)f(\mathrm{d}s) = f(s)(1 - \gamma \mathrm{d}s) \tag{2.52}$$

或者

$$\frac{f(s+\mathrm{d}s) - f(s)}{\mathrm{d}s} = -\gamma f(s) \tag{2.53}$$

即有以下的关于 $f(s)$ 的微分方程，即

$$\frac{\mathrm{d}f(s)}{\mathrm{d}s} = -\gamma f(s) \tag{2.54}$$

显然，$f(0)$ 的物理意义为电子在初始时刻未被吸收的概率，其取值为 1。结合微分方程和初始条件，得到

$$f(s) = \exp(-\gamma s) \tag{2.55}$$

这里考虑内二次电子的运动方向。如图 2.6 所示，对于深度为 z、运动方向与材料外表面方向夹角为 φ 的内二次电子，其运动到表面所经过的路径长度为 $z/\cos \varphi$。

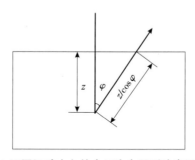

图 2.6 不同运动方向的内二次电子到达表面的路程

按照出射概率呈指数衰减的规律，得到方向为 φ 的内二次电子运动到材料表面的概率为

$$p(z,\varphi) = \exp\left(-\frac{z}{\lambda \cos \varphi}\right) \tag{2.56}$$

式中：λ 为材料中电子运动的平均自由程，常用航天金属材料的取值如表 2.2 所示。

表 2.2　常见航天金属材料的电子运动平均自由程

材料名称	原子序数 Z	电子运动自由程 λ/nm
金（Au）	79	1.6
银（Ag）	47	1.4
铜（Cu）	29	1.2
铝（Al）	13	3.8

内二次电子在材料中运动时，还会与原子发生非散射并生成新的内二次电子，这一过程称为级联散射。对非晶体材料而言，材料是各向同性的，内二次电子在材料中经过级联散射后，运动方向可以认为是各向同性的。如图 2.7 所示，运动方向在 $\varphi \sim \varphi+\mathrm{d}\varphi$ 的内二次电子占全部所有方向内二次电子的比例为图 2.7 中灰色阴影圆环占整个球表面积的比例。不失一般性，设球半径为 1，则圆环的半径为 $\sin\varphi$，圆环的宽度为 $\mathrm{d}\varphi$，从而得到圆环的面积为 $2\pi\sin\varphi\mathrm{d}\varphi$。而整个球表面积为 4π。深度为 z 处的内二次电子密度为 $n(z)$，方向为 $\varphi \sim \varphi+\mathrm{d}\varphi$ 的内二次电子数目为

$$n(z,\varphi)\,\mathrm{d}\varphi = \frac{1}{2}n(z)\sin\,\varphi\mathrm{d}\varphi \tag{2.57}$$

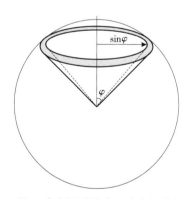

图 2.7　沿 φ 方向运动的内二次电子比例示意图

这些内二次电子运动到达表面的概率由式（2.57）得到，从而可以得到深度在 $z \sim z+\mathrm{d}z$ 处、运动方向在 $\varphi \sim \varphi+\mathrm{d}\varphi$ 的内二次电子运动到表面的数目为

$$n(z,\varphi)p(z,\varphi)\,\mathrm{d}z\mathrm{d}\varphi = \frac{1}{2}n(z)\sin\,\varphi\exp\left(-\frac{z}{\lambda\cos\,\varphi}\right)\mathrm{d}z\mathrm{d}\varphi \tag{2.58}$$

深度在 $z \sim z+\mathrm{d}z$ 处的各个方向的内二次电子运动到表面的个数为

$$n_\mathrm{s}(z)\,\mathrm{d}z = \frac{1}{2}n(z)\int_0^{\frac{\pi}{2}}\sin\varphi\exp\left(-\frac{z}{\lambda\cos\varphi}\right)\mathrm{d}\varphi\mathrm{d}z \tag{2.59}$$

先处理对角度的积分，即

$$\int_0^{\frac{\pi}{2}}\sin\varphi\exp\left(-\frac{z}{\lambda\cos\varphi}\right)\mathrm{d}\varphi = -\int_0^{\frac{\pi}{2}}\exp\left(-\frac{z}{\lambda\cos\varphi}\right)\mathrm{d}(\cos\varphi)$$

$$= \int_0^1\exp\left(-\frac{z}{\lambda y}\right)\mathrm{d}y \tag{2.60}$$

$$= \exp\left(-\frac{z}{\lambda}\right) - z\Gamma\left(0,\frac{z}{\lambda}\right)$$

式中：Γ 表示伽马函数 $\Gamma(a,z) = \int_z^\infty t^{a-1}\mathrm{e}^{-t}\mathrm{d}t$。显然，只有向表面运动的内二次电子才有可能通过材料表面出射，因此对角度 φ 的积分区间为 $[0 \quad \pi/2]$。

内二次电子的密度已经得到，将其代入得到深度为 $z \sim z+\mathrm{d}z$ 的内二次电子对表面二次电子的贡献为

$$n_\mathrm{s}(z)\,\mathrm{d}z = \frac{N(E_\mathrm{pe})}{2R(E_\mathrm{pe})}\left[\exp\left(-\frac{z}{\lambda}\right)-z\Gamma\left(0,\frac{z}{\lambda}\right)\right]\mathrm{d}z \tag{2.61}$$

表面处内二次电子的总数为入射电子射程内所有运动到表面的内二次电子的总和，即

$$N_\mathrm{s} = \int_0^{R(E_\mathrm{pe})}n_\mathrm{s}(z)\,\mathrm{d}z$$

$$= \frac{N(E_\mathrm{pe})}{2R(E_\mathrm{pe})}\int_0^{R(E_\mathrm{pe})}\left[\exp\left(-\frac{z}{\lambda}\right) - z\Gamma\left(0,\frac{z}{\lambda}\right)\right]\mathrm{d}z \tag{2.62}$$

$$= \frac{N(E_\mathrm{pe})\lambda}{4R(E_\mathrm{pe})}F_\Gamma\left(\frac{R(E_\mathrm{pe})}{\lambda}\right)$$

其中，

$$F_\Gamma(x) = 2\int_0^x(\exp(-x') - z\Gamma(0,x'))\mathrm{d}x' \tag{2.63}$$

它不能用初等函数给出，但是其结果可以近似表示为

$$F_\Gamma(x) \approx 1-\exp(-1.6x) \tag{2.64}$$

从而得到表面处的内二次电子数目为

$$N_s = \frac{N(E_{pe})\lambda}{4R(E_{pe})}\left[1 - \exp\left(-1.6\frac{R(E_{pe})}{\lambda}\right)\right] \tag{2.65}$$

表面处内二次电子的出射与内二次电子能量密切相关。内二次电子具有一定的能量分布。在 Joy 等的工作中，认为内二次电子的能量均为平均电离能。Streitwolf 等给出内二次电子的能量分布满足

$$S(E_s) \propto \frac{1}{(E_s - E_F)^2} \tag{2.66}$$

这一结论存在一个物理本质性的缺陷是：当计算大于 E_F 的所有电子能量时积分不收敛，即内二次电子个数趋于无穷，这显然是和物理实际相矛盾的。同时，这一结论仅考虑了入射电子激发内二次电子的过程，而忽略了内二次电子的级联散射过程。

考虑内二次电子的级联散射过程，认为内二次电子的能量满足指数分布，即

$$S_R(E_s) = A\exp\left(-\frac{E_s - E_F}{E_v}\right) \tag{2.67}$$

式中：E_s 为内二次电子的能量；E_v 为内二次电子能量的期望值；E_F 为材料费米能级。$S_R(E_s)\mathrm{d}E_s$ 代表了内二次电子能量在 $E_s + \mathrm{d}E_s$ 之间的概率。系数 A 满足以下的归一化条件，即

$$\int_{E_F}^{E_{pe}} S_R(E_s)\,\mathrm{d}E_s = 1 \tag{2.68}$$

从而有

$$A = \frac{1}{E_v\left[1 - \exp\left(-\dfrac{E_{pe} - E_F}{E_v}\right)\right]} \tag{2.69}$$

根据能量守恒，所有内二次电子能量之和应该等于入射电子能量。能量在 $E_s \sim E_s + \mathrm{d}E_s$ 之间的内二次电子数目为 $N(E_{pe})S(E_s)\mathrm{d}E_s$。内二次电子能量的起始点选在导带底部，也就是说，内二次电子获得的能量是 E_s 大于材料费米能级 E_F 的部分，因此上述内二次电子获得的能量为 $N(E_{pe})S(E_s)(E_s - E_F)\mathrm{d}E_s$。所有内二次电子获得的能量应等于入射电子的总能量，即有

$$N(E_{pe})\int_{E_F}^{E_{pe}} S_R(E_s)(E_s - E_F)\,\mathrm{d}E_s = E_{pe} \tag{2.70}$$

二次电子最大能为入射电子能量 E_{pe}，所以积分上限选为 E_{pe}。求解得到

$$N(E_{pe}) = \cfrac{E_{pe}}{E_v + \cfrac{\exp\left(-\cfrac{E_{pe}-E_F}{E_v}\right)(E_{pe}-E_F)}{1-\exp\left(-\cfrac{E_{pe}-E_F}{E_v}\right)}} \tag{2.71}$$

3. 内电子越过表面势垒

运动到表面的内二次电子从表面出射时需要跨越表面势垒，其概率取决于表面势垒的高度和二次电子的动能。能量为 E_s 的内二次电子其跨越高度为 U 的势垒的概率为

$$p_e(E_s) = \begin{cases} 0, & E_s \leqslant U \\[2mm] \cfrac{4\sqrt{1-\cfrac{U}{E_s}}}{\left(1+\sqrt{1-\cfrac{U}{E_s}}\right)^2}, & E_s > U \end{cases} \tag{2.72}$$

该函数可以用以下的近似表达式简化，即

$$f_0(E_s) = \begin{cases} 0, & E_s \leqslant U \\[2mm] \cfrac{29\left(\cfrac{E_s}{U-1}\right)}{1+29\left(\cfrac{E_s}{U-1}\right)}, & E_s > U \end{cases} \tag{2.73}$$

表面处内二次电子平均出射概率为

$$\begin{aligned} P_s &= \int_0^{E_{pe}} S_R(E_s) p_e(E_s)\, \mathrm{d}E_s \\[3mm] &= 4A \int_U^{E_{pe}} \exp\left(-\frac{E_s - E_F}{E_v}\right) \cdot \frac{\sqrt{1-\cfrac{U}{E_s}}}{\left(1+\sqrt{1-\cfrac{U}{E_s}}\right)^2} \mathrm{d}E_s \end{aligned} \tag{2.74}$$

结合给出的表面处内二次电子数目，得到二次电子产额为

$$\delta = N_s P_s = \frac{N(E_{pe}) P_s \lambda}{4R(E_{pe})}\left[1-\exp\left(-1.6\frac{R(E_{pe})}{\lambda}\right)\right] \tag{2.75}$$

在 $E_{pe} \gg E_F$ 的情况下，$N(E_{pe})$ 可以近似为

$$N(E_{pe}) = \frac{E_{pe}}{E_v} \tag{2.76}$$

最后得到

$$\delta = N_s P_s = \frac{E_{pe} P_s \lambda}{4 E_v R(E_{pe})} \cdot \left[1 - \exp\left(-1.6 \frac{R(E_{pe})}{\lambda} \right) \right] \tag{2.77}$$

二次电子发射系数与入射电子能量相关，令发射系数最大时的入射电子能量为 E_m，与该入射电子能量对应的电子射程为 R_m，则有

$$\left. \frac{\partial \delta}{\partial E_{pe}} \right|_{E_{pe} = E_m} = 0 \tag{2.78}$$

得到 R_m 满足方程

$$1.6 \frac{R_m}{\lambda} = \left(1 - \frac{1}{\alpha} \right) \left[\exp\left(1.6 \frac{R_m}{\lambda} \right) - 1 \right] \tag{2.79}$$

令 $R_m = R'\lambda$，得到 R' 满足方程

$$1.6 R' = \left(1 - \frac{1}{\alpha} \right) \left[\exp(1.6 R') - 1 \right] \tag{2.80}$$

当 α 为一定值时，根据式（2.80）可以得到 R'。表 2.3 给出了不同材料的 R' 值。

表 2.3 不同材料的 R' 值

金属	原子序数 Z	R'
Al	13	1.19
Cu	29	1.39
Ag	47	1.53
Au	79	1.61

得到 R' 值后，其中 $R_m = R(E_m) = \frac{L_k}{\rho_r} \left(\frac{E_m}{E_k} \right)^{\alpha}$，$E_m$ 可以根据下式得到，即

$$E_m = E_k \left(\frac{R' \rho_r \lambda}{L_k} \right)^{\frac{1}{\alpha}} \tag{2.81}$$

很容易得到

$$\frac{R(E_{pe})}{R_m} = \left(\frac{E_{pe}}{E_m}\right)^{\alpha} \tag{2.82}$$

所以有

$$\frac{R(E_{pe})}{\lambda} = \left(\frac{E_{pe}}{E_m}\right)^{\alpha} \cdot \frac{R_m}{\lambda} = R'\left(\frac{E_{pe}}{E_m}\right)^{\alpha} \tag{2.83}$$

代入得到

$$\delta = \frac{\delta_m}{1-\exp(-1.6R')}\left(\frac{E_{pe}}{E_m}\right)^{1-\alpha}\left[1-\exp\left(-1.6R'\left(\frac{E_{pe}}{E_m}\right)^{\alpha}\right)\right] \tag{2.84}$$

其中

$$\delta_m = \frac{E_m P_s}{4E_v R'}\left[1-\exp(-1.6R')\right] \tag{2.85}$$

4. 角度修正

诸多研究表示，二次电子发射系数会随着入射角度的增大而明显增大。设在垂直入射的情况下，一定能量入射电子的射程为 $R(E_{pe})$，那么电子以与金属表面法线方向夹角 θ 斜入射进材料内时，入射深度为 $R\cos\theta$。于是，电子在深度方向的分布函数应该修正为

$$n(z,\theta_{in}) = \frac{N(E_{pe})}{R(E_{pe})\cos\theta} \tag{2.86}$$

于是 $z \sim z+dz$ 的内二次电子对表面二次电子的贡献为

$$n_s(z)dz = \frac{N(E_{pe})}{2R(E_{pe})\cos\theta}\left[\exp\left(-\frac{z}{\lambda}\right) - z\Gamma\left(0,\frac{z}{\lambda}\right)\right]dz \tag{2.87}$$

进而计算表面二次电子数目的积分上限应该修正为 $R\cos\theta$，有

$$\begin{aligned}
N_s(\theta) &= \int_0^{R(E_{pe})\cos\theta} n_s(z)dz \\
&= \frac{N(E_{pe})}{2R(E_{pe})\cos\theta}\int_0^{R(E_{pe})\cos\theta}\left[\exp\left(-\frac{z}{\lambda}\right) - z\Gamma\left(0,\frac{z}{\lambda}\right)\right]dz \\
&= \frac{N(E_{pe})\lambda}{4R(E_{pe})\cos\theta}F_\Gamma\left(\frac{R(E_{pe})\cos\theta}{\lambda}\right) \\
&\approx \frac{N(E_{pe})\lambda}{4R(E_{pe})\cos\theta}\left[1 - \exp\left(-1.6\frac{R(E_{pe})\cos\theta}{\lambda}\right)\right]
\end{aligned} \tag{2.88}$$

令 $\lambda_\theta = \lambda / \cos \theta_{\mathrm{in}}$，则斜入射时二次电子发射系数的公式只需从形式上将 λ 换成 λ_θ。

如果用最大产额及其对应的入射电子能量表示，则可以得到

$$E_{\mathrm{m}}(\theta_{\mathrm{in}}) = \left(\frac{R'\rho\lambda_\theta}{B}\right)^{\frac{1}{\alpha}} = \left(\frac{R'\rho\lambda}{B\cos \theta_{\mathrm{in}}}\right)^{\frac{1}{\alpha}} = E_{\mathrm{m}}(0)\left(\frac{1}{\cos \theta_{\mathrm{in}}}\right)^{\frac{1}{\alpha}} \tag{2.89}$$

对应的最大产额为

$$\delta_{\mathrm{m}}(\theta_{\mathrm{in}}) = \delta_{\mathrm{m}}\left(\frac{1}{\cos \theta_{\mathrm{in}}}\right)^{\frac{1}{\alpha}} \tag{2.90}$$

于是可得到

$$\delta = \frac{\delta_{\mathrm{m}}(\theta)}{1-\exp(-1.6R')}\left(\frac{E_{\mathrm{pe}}}{E_{\mathrm{m}}(\theta)}\right)^{1-\alpha}\left[1-\exp\left(-1.6R'\left(\frac{E_{\mathrm{pe}}}{E_{\mathrm{m}}(\theta)}\right)^{\alpha}\right)\right] \tag{2.91}$$

值得注意的是，在上述研究电子在材料中运动过程时，假设了入射电子的运动轨迹是沿入射方向的直线。这一假设在入射角度较小时所得到的结果与实际偏差不大。而当入射角度超过 60° 时，会产生较大的偏差。因此，上述关于入射角度的公式仅适合于入射角在 60° 以内的情况。在实际的微放电过程中，电子在两金属壁之间来回运动并与电磁场相互作用而产生倍增。斜入射的电子由于横向运动会很快离开发生微放电的区域，因此对微放电的影响不大。因此，分析微放电时主要需要研究入射角度在 60° 以内的二次电子发射特性。

5. 背散射修正

背散射电子包含两部分：一部分是被表面势垒直接反射的低能量电子；另一部分是被表面原子弹性散射的电子。表面势垒直接反射的低能量背散射二次电子份额为

$$\eta_1(E_{\mathrm{pe}}) = \eta_1(0)\exp\left(-\frac{E_{\mathrm{pe}}}{E'_{\mathrm{BS}}}\right) \tag{2.92}$$

式中：$\eta_1(0)$ 为低能背散射系数，对于理想的清洁表面其取值为 0，表面具有吸附的材料时取值为 0.6 左右；E'_{BS} 取值为 12.5 eV。

Cazaux 给出垂直入射时被表面原子弹回的电子份额为

$$\eta_2(E_{\mathrm{pe}},0) = \eta_2(\infty)\left[1-\exp\left(-\frac{E_{\mathrm{pe}}}{E_{\mathrm{BS}}}\right)\right] \tag{2.93}$$

式中：$\eta_2(\infty)$ 为高能背散射系数，其取值与材料有关；E_{BS} 的取值也与材料有关。

Furman 在 2002 年给出二次电子产额的概率统计模型，其中背散射产额与入

射角度 θ 的关系为

$$\eta_2(E_{pe},\theta) = \eta_2(E_{pe},0)(1+e_1(1-\cos^{e_2}\theta)) \tag{2.94}$$

式中: e_1 和 e_2 为修正参数, 对于常用金属材料, e_1 和 e_2 分别取值为 0.8 和 0.4。代入式 (2.94) 中, 可以得到修正的斜入射背散射产额表达式。

总的弹性背散射系数为

$$\eta = \eta_1 + \eta_2 \tag{2.95}$$

如果入射电子在表面发生弹性背散射, 则无法进入材料, 也就无法激发内二次电子, 因此对本征二次电子有贡献的入射电子占全部入射电子的 $1-\eta$, 总的二次电子发射系数为

$$\delta_{total} = \eta + (1-\eta)\delta \tag{2.96}$$

6. 模拟实例

根据上述分析得到的结论, 将模型计算的结果与实验结果进行了对比。由于实际材料表面存在一定的氧化层或者吸附层, 为了尽量消除表面氧化和吸附可能对材料的表面势垒产生影响, 在测试二次电子发射系数前, 采用 Ar 离子对样品表面进行了清洗。

首先对镀 Ag 材料的二次电子发射系数进行对比。Ar 离子清洗可以有效地清除 Ag 材料表面的氧化层和吸附材料, 因此模型中材料参数使用了理想 Ag 材料的值, 具体取值如表 2.4 所示。

表 2.4　清洗 Ag 材料模型参数

参数	U/eV	α	R'	E_m/eV	δ_m	$\eta_2(\infty)$	E_{BS}/eV
取值	4.53	1.3	1.5	391	2.06	0.55	29.1

不同入射角度下, 模型计算结果与实验结果对比如图 2.8 所示。

对于未清洗的样品, Ag 表面会存在氧化层, 因此表面势垒取接近于其氧化物的功函数。同时, 由于镀银材料的缺陷比纯银要多, 电子运动的平均自由程也相应地比纯银小, 取值为 0.72 nm。模型各参数取值如表 2.5 所示。

表 2.5　未清洗 Ag 材料模型参数

参数	U/eV	α	R'	E_m/eV	δ_m	$\eta_2(\infty)$	E_{BS}/eV
取值	2.74	1.4	1.34	243	3.46	0.53	22.8

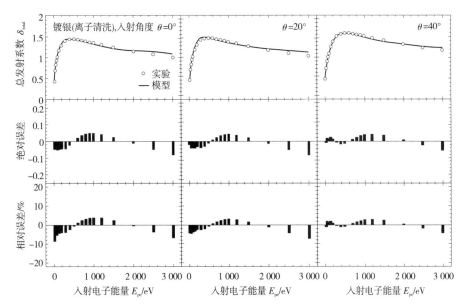

图 2.8　清洗 Ag 总二次电子发射系数模型与实验结果的对比

不同入射角度下，模型计算结果与实验结果对比如图 2.9 所示。对于未经表面处理的材料，其表面极有可能出现氧化、吸附等，表面势垒高度会发生变化。对 Ag 而言，氧化和吸附会使势垒降低、SEY 值增大。

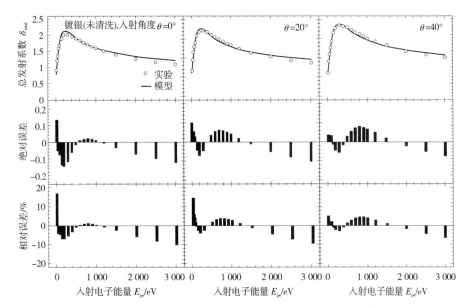

图 2.9　未清洗 Ag 总二次电子发射系数模型与实验结果的对比

■ 2.2 二次电子发射的测量

二次电子发射产额的测量需要在真空环境中进行，通过收集电子轰击样品表面发射的电子数量来获得二次电子产额。由于电荷积累效应，需要针对导电材料和非导电性材料分别测量，分为金属二次电子测量和介质二次电子测量。本节分别选择一种具有代表性的二次电子发射装置进行介绍。

2.2.1 金属材料的二次电子发射测量

金属材料二次电子发射系数的测量相对介质材料而言较为简单，从三极管法、四极管法发展到目前最常用的电子枪法，采用电子枪作为稳定的电子源，聚焦的电子束打在待测样品上，测试收集到的二次电子电流，就可以得到二次电子发射系数。电子枪法还可以分析二次电子发射系数与入射角之间的关系。电子枪法在测量的可靠性和准确性方面都有显著提升。

下面以空间微波重点实验室研制的金属二次电子发射系数测试系统（图2.10）为例，详细介绍金属材料二次电子发射系数的测试方法。测试系统由两把电子枪提供初始电子，电子束能量分别为 20~5 000 eV 和 3~30 keV。

图 2.10 金属二次电子发射特性研究平台

二次电子发射特性研究平台结构如图 2.11 所示。

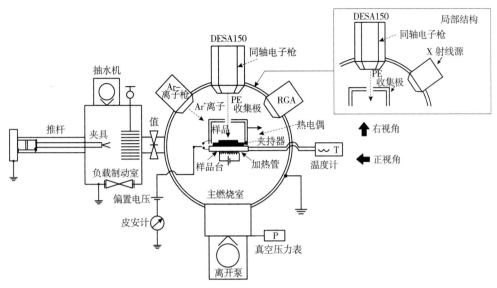

图 2.11　二次电子发射特性研究平台结构

收集二次电子采用收集极和外加偏压电流两种方法。

（1）对于收集极法，它的测量原理如图 2.12 所示：①将样品台与收集极相连，此时皮安表测得的电流为入射电流，记为 I_p；②相同入射条件下，断开样品和收集极，此时测得的收集极上的电流即为二次电子电流，记为 I_c。

$$\text{SEY} = \frac{\text{二次电子电流}}{\text{入射电子电流}} = \frac{I_c}{I_p} \tag{2.97}$$

（2）偏压电流法。在样品上施加不同的偏压，可以近似得到入射电流和二次电子电流，如图 2.13 所示，在样品上加一个较大的正偏压，此时皮安表测试的电流近似认为是电子枪的入射电流 I_0；在样品上加负偏压测试的电流为入射电流与二次电子电流的差值。此时，通过以下公式可以计算材料的二次电子发射系数，即

$$\delta = \frac{I_0 - I_R}{I_0} = 1 - \frac{I_R}{I_0} \tag{2.98}$$

偏压电流法与收集极法各有优、缺点。从理论上讲，收集极对二次电子的收集效果更好，但是收集极法需要保持电子束与收集极小孔以及样品和收集极的对准，操作不如偏压电流法方便。此外，收集极的尺寸限制了样品的移动范围，与

偏压电流法相比虽然操作简单、快捷，但是由于出射的高能电子可能逃逸出样品表面，将造成测试的入射电子电流比实际值偏小。

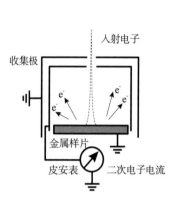

图 2.12　收集极法测试原理

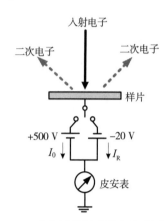

图 2.13　二次电子发射系数电流法测试原理

2.2.2　介质材料的二次电子发射测量

1. 测量系统的构成

二次电子发射特性研究平台主要由三大部分组成，分别是真空系统、XPS 光电子能谱分析装置以及二次电子发射系数和能谱测试装置。下面分别对这三大部分的组成进行描述。

1）真空系统

真空系统由 3 个真空腔室组成，分别是 XPS 分析室、二次电子发射系数和能谱分析室与快速进样/样品存储室（系统组成示意图如图 2.14 所示），3 个腔室之间用手动闸板阀隔开。整个真空系统固定在铝质刚性框架上，配备有烘烤罩以对设备进行整体烘烤，烘烤温度可至 200 ℃。

快速进样室体积较小，配有一个快开门，方便更换样品。更换样品后，由于进样室体积小（图 2.15），分子泵很快可以抽至 10^{-8} Torr（1 Torr≈133 Pa）真空度，此时可以打开进样室与样品存储室之间的闸板阀，利用磁力耦合传输杆将样品从进样室传输至样品存储室中。样品存储室配有独立的分子泵保持真空度。当样品在存储室中时，利用其他两个磁力传输杆可将样品分别传输至 XPS 分析室或者二次电子发射系数和能谱分析室。然后退出磁力传输杆，关闭闸板阀，分析

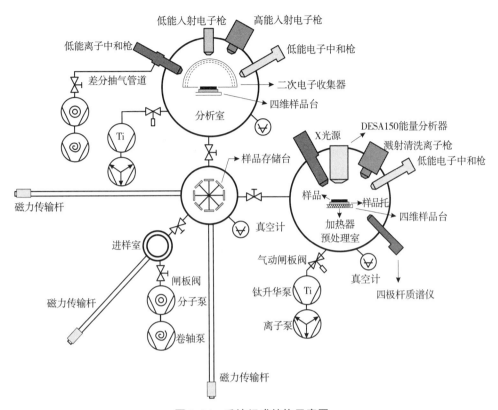

图 2.14　系统组成结构示意图

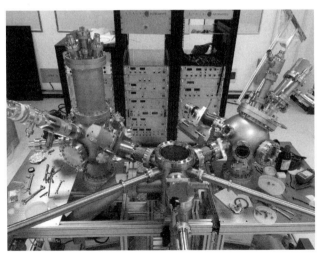

图 2.15　快速进样室

室真空度很快就可以达到 10^{-10} Torr，可以进行测试。因此，该系统必须配备快速进样室，目的就是使分析室真空度一直维持在 10^{-10} Torr 这一超高真空水平，便于快速更换样品。如果不采用快速进样室设计，那么每次更换样品分析室时必须打破原来真空状态，然后再重新抽取真空，要达到 10^{-10} Torr 真空度，必须经过 2.3 天的烘烤过程，这样大大降低了测试效率。

XPS 分析室以及二次电子发射系数和能谱分析室真空抽取系统由离子泵和钛升华泵组成，本底真空度优于 5×10^{-10} Torr。两个分析室的真空预抽共享样品存储室的分子泵实现。分析室真空度通过离子规真空计测量。

XPS 能谱测试、二次电子发射系数和能谱的测试都必须在很高的真空度下进行，因为如果真空度不够高，电子运动过程中就有很大概率碰到其他粒子，会造成电子的湮灭或者碰撞产生其他电子，这些因素会对测试精度造成很大影响。因此，分析室必须具备超高真空水平。要达到 10^{-10} Torr 水平的真空度，离子泵和钛升华泵是必需的。

快速进样室和样品存储室真空抽取系统由分子泵和前级卷轴泵组成，快速进样室本底真空度优于 5×10^{-9} Torr。快速进样室和样品存储室真空度通过离子规真空计测量。

分子泵是一种洁净的可快速获得高真空的泵。涡轮分子泵的抽气原理是利用高速旋转的转子把动量传输给气体分子，使之获得定向速度，从而被压缩、被驱向排气口后为前级抽走的一种真空泵。因为要保持真空腔体的绝对洁净，因此前级泵配置了无油卷轴泵。

样品存储室中配备有 8 个存储位置的样品存储台（图 2.16），便于一次大批量样品的更换，节省换样时间，提高测试效率。样品存储台采用上下式设计，即类似一个上下共 8 格卡槽的抽屉，这个抽屉用一个可以旋转带动上下升降的装置安装在法兰口上。通过旋转这个装置，就可以选择不同位置的样品进行传输或者测试。

XPS 分析室中配备有四维手动样品架，可在 x、y、z 方向移动，样品台可以倾斜，倾斜精度为 $0.1°$。样品架带有电阻加热器，可加热至最高 500 ℃。温度通过安装在样品位置附近的热电偶测量，温度控制通过 PID 控制器实现。

图 2.16　样品存储室以及 8 个样品托（随真空系统配备 8 个样品托）

所配备的样品架即控制样品位移功能的装置，可以在 x、y、z 方向位移，并且可以绕 z 轴旋转（图 2.17）。这样配置的用途是可以调节 X 光照射到样品上的位置，从而测试同一样品不同位置的组成成分和化学态，可以知道样品表面的成分均匀性。另外，样品还具备加热功能，可以对样品进行加热除气，也可以测试样品在不同温度下成分和化学态的变化情况。

图 2.17　x、y、z 可移动样品架

样品存储室和 XPS 分析室之间的样品传输通过磁力传输杆实现，如图 2.18 所示。

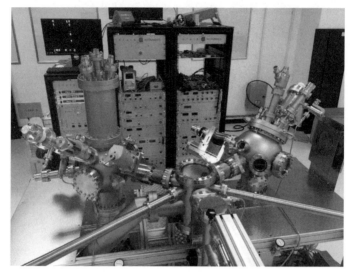

图 2.18　磁力传输杆

该系统允许测试的样品最大尺寸为 10 mm×10 mm。

XPS 分析室中配备有 CCD，可对样品进行定位观察。因为样品传输操作需人工进行，操作人员在操作磁力传输杆时，因为距离分析室观察窗口较远，不能直接目视对样品位置进行调节，因此需要有一个 CCD 将实时画面显示到计算机上，操作人员一边观察显示器一边操作。

XPS 分析室配备有残余气体分析器（RGA，质量数为 1~200 amu），用于残余气体分析。残余气体分析器的核心是四极杆质谱仪，它是由 4 根精密加工的电极杆以及分别施加于 x、y 方向的两组高压高频射频组成的电场分析器。4 根电极可以是双曲面，也可以是圆柱形的电极；高压高频信号提供了离子在分析器中运动的辅助能量，这一能量是选择性的——只有符合一定数学条件的离子才能不被无限制地加速，从而安全地通过四极杆分析器。

配备 RGA 的用途有两个：一是当真空度抽不上去时，对真空腔体进行检漏，就是测试什么地方的什么东西在漏气而影响真空度；二是当对样品进行加热除气时，监测从样品表面解吸附的气体成分。

XPS 分析室中配备有氩离子枪，用于对样品表面进行溅射清洁（图 2.19）。氩离子枪的工作原理是利用钨丝加热发射出来的电子束，轰击惰性气体（如氩气），使之电离从而产生惰性气体离子。在该系统中，氩离子枪的作用主要是对样品表面进行溅射清洁处理。因为通常不管什么材料，在大气中都会产生一层很薄的自然氧化层或者吸附一些有机物质，这层自然氧化层或者吸附物都会大大影响其本身的二次电子发射系数特性。为得到其本征的二次电子发射特性，必须先用离子枪对其表面进行溅射清洗，使之自然氧化层剥离，露出干净的表面。

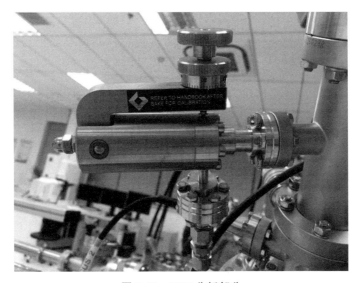

图 2.19 XPS 分析部分

二次电子发射系数和能谱分析室中配备有可以倾斜的样品台，主要用于改变一次电子束入射角度，测试二次电子发射系数随入射电子角度的变化曲线。二次电子发射系数和能谱分析室与样品存储室之间的样品传输通过磁力传输杆实现。

二次电子发射系数和能谱分析室中也配备有 CCD，可对样品进行定位观察。因为样品传输操作需人工进行，操作人员在操作磁力传输杆时，因为距离分析室观察窗口较远，不能直接目视对样品位置进行调节，因此需要有一个 CCD 将实时画面显示到计算机上，操作人员一边观察显示器一边操作。

2）二次电子发射系数和能谱测试装置

该平台配备了两个不同能量范围的电子枪作为二次电子的激发源：一个低能电子枪，电子能量范围是 50 eV~3 keV；另一个是从 3~30 keV。电子枪都采用钨灯丝作为电子发射材料,简单可靠,束流稳定,便于维护和更换。

样品台与皮安表相连,用于测量通过样品的电子束流。配备的是美国 Keithley 公司的 6487E 型皮安表,内置了 ±500 V 的直流电压源。该皮安表测量范围广,从 pA 到 mA 量级都可测量,并且具备自动量程切换功能。

配备了带有 3 个栅极的二次电子收集器,通过改变不同栅极偏压和收集极偏压,可测得总的二次电子发射系数、背散射二次电子发射系数和真正的二次电子发射系数。并且在 G_3 上进行电压扫描,可测得二次电子能谱曲线。

配备了宽束低能电子中和枪,电子能量范围为 2~100 eV。用于对介质样品表面充电时进行电荷中和,当 SEY 系数大于 1 时,样品表面会带正电荷,此时用低能电子枪进行电中和。

配备了扫描式低能离子中和枪,离子能量范围为 50~1 000 eV。用于对介质样品表面充电时进行电荷中和,当 SEY 系数小于 1 时,样品表面会带负电荷,此时用低能离子枪进行电中和。

3)XPS 光电子能谱分析装置

配备了双阳极 X 射线光源。其工作原理是利用加热钨灯丝产生的电子束轰击金属靶材,从而产生 X 射线。配备的 X 射线光源是双阳极的,两个金属靶分别是 Al 靶和 Mg 靶,最大功率为 300 W。

电子能量谱分析由两级筒镜型能量分析器(DESA150)实现。该能量分析器工作距离可至 55 mm,能量分辨率 $\Delta E/E$ 为 0.6%~0.05%,在 20 eV 时能量分辨率优于 80 meV。随设备提供该能量分析器工作所需的电源。

两级筒镜型能量分析器的工作原理:样品表面经 X 光照射激发出来的光电子,经过能量分析器的狭缝收集,进入能量分析器内部,再经过内部一系列电子光学透镜的偏转和聚焦等作用,达到底部的通道板收集器。经过电子倍增管等光电转换之后,得到不同能量下电子数量的信息,通过软件显示出来横坐标为电子能量、纵坐标为电子数量(计数率)的曲线,称为电子能谱曲线。该装置用于分析不同材料的 XPS 能谱曲线,得出材料成分和化学态信息。

配备了宽束低能电子中和枪,电子能量范围为 2~100 eV。用于对介质样品表面充电时进行电荷中和,当用 X 光照射介质材料时,因为有光电子激发出来离开样品,样品表面会带正电荷,此时用低能电子枪进行电中和。

2. 工作原理

图 2.20 所示平台配置了两种测试二次电子发射特性的方法：一种是样品偏压电流法；另一种是收集极法。对于金属材料，两种方法均适用；但是对于介质，只能采用收集极法测试。这两种方法的工作原理分别介绍如下。

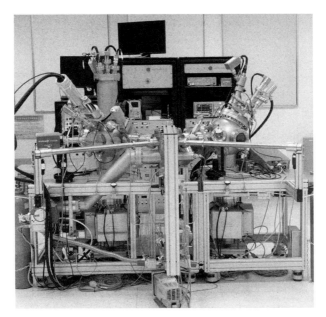

图 2.20　二次电子发射测试平台实物图

1）偏压电流法

首先根据国际上通用的原则，认为电子能量低于 50 eV 的二次电子为真正的二次电子，而能量高于 50 eV 的二次电子一般为俄歇电子和弹性散射电子，统称为背散射电子。通过样品偏压电流法，在样品上施加不同偏压，可以分别得到一次入射电流、一次入射电流与背散射电流的差值以及一次入射电流与背散射电流和真正二次电子电流的差值。经过一系列加、减运算，就可以得到真正的二次电流值。其工作原理如图 2.21 所示。

具体工作方法如下。

（1）首先在样品上加+500 V 的电压，这时一次入射电流轰击样品产生的二次电子能量低于 500 eV 的电子都无法逃逸，此时测得的通过样品的电流为一次入射电流（I_p）。

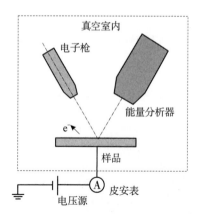

图 2.21　样品偏压法测二次电子发射系数工作原理示意图

（2）当样品上加+50 V 正偏压时，此时电子能量低于 50 eV 的真正二次电子无法逃逸，但是能量高于 50 eV 的背散射电子可以逃逸，所以此时由皮安表测量得到的通过样品的电流值是一次入射电流与背散射电流的差值（I_p-I_b，I_p 为一次入射电流，I_b 为背散射电流）。

（3）当样品上加−20 V 负偏压时，此时所有的二次电子（包括真正二次电子和背散射电子）都可以逃逸离开样品表面，这时由皮安表测量得到的通过样品的电流值是一次入射电流与背散射电流和真正二次电子电流的差值（$I_p-I_b-I_s$，I_p 为一次入射电流，I_b 为背散射电流，I_s 为二次电子电流）。

（4）将步骤（2）和步骤（3）测量得到的两个电流值进行差值运算，即可得到真正的二次电流 I_s。根据二次电子发射系数计算公式 $SEY=I_s/I_p$，即可计算出二次电子发射系数。

2）收集极法

（1）样品上方将放置一个半球形的收集器，这个收集器内部有 3 层栅网，从内到外称为第 1 栅极、第 2 栅极和第 3 栅极，简称为 G_1、G_2 和 G_3。收集器的最外层叫作收集极，简称为 C。当样品受到一次入射电流激发时，如果样品接地，不加任何偏压，那么产生的二次电子会逃逸离开样品表面，被收集器收集。通过在不同栅极上加不同的偏压，可以选择通过栅极而最终被收集极收集到的不同能量的电子，从而可以得出总的二次电子发射系数、背散射二次电子发射系数和真正的二次电子发射系数。其工作原理如图 2.22 所示。

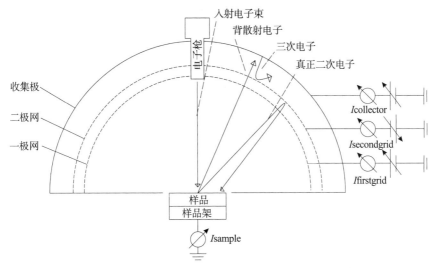

图 2.22　用收集极法测二次电子发射系数工作原理示意图

（2）首先，一次电流入射到样品上时，当样品、栅极和收集极都不加任何偏压时，将在所有地方测得的总电流相加，即为一次入射电流值 I_p。

（3）当只在收集极 C 上加正偏压时，所有的二次电子都可以通过栅极到达收集极，此时 C 极上测得的电流即为总的二次电子电流，简称为 I_t。但因为通过几层栅网，每层栅网都有一定的透过率（已知数），因此测得的电流值需要乘以一个校正因子，才能得到 I_t。

（4）当在第 2 栅极 G_2 上加一个 -50 V 的偏压时，此时能量低于 50 eV 的二次电子将被 G_2 排斥而无法通过 G_2，收集极 C 上收集到的电流都是能量大于 50 eV 的二次电子，即此时测得的电流值为背散射电流 I_b。同上，需要考虑栅网的透过率，乘以校正因子。

（5）用总的二次电流 I_t 减去背散射电流 I_b 即可得到真正的二次电子电流 I_s。根据二次电子发射系数计算公式 $SEY = I_s/I_p$，即可计算出二次电子发射系数。

（6）样品台可以旋转，当旋转样品时，即可改变入射电子束和样品的夹角。改变夹角后，重复步骤（2）~（5），即可测得二次电子发射系数随入射电子角度的变化曲线。

（7）利用收集极法还可以测试二次电子的能谱。其工作原理是利用减速栅极法。即当二次电子通过第 3 栅极 G_3 时，在 G_3 上加负偏压，同时对该负偏压进行扫描变化，比如每隔 2 s 增加 -5 V 偏压，意味着不同能量的二次电子可以陆续通

过 G_3。同时对收集极 C 上收集到的电子数目进行计数统计，就可以得到电子数目随能量范围的分布曲线，即二次电子能谱曲线。

■ 2.3　典型材料二次电子产额测量结果

基于上述两种方法，对典型金属和介质材料的二次电子发射产额进行了测量，汇总如图 2.23 至图 2.46 以及表 2.7 至表 2.29 所示。

2.3.1　常见金属材料的二次电子发射产额及能谱测量数据

常见金属材料二次电子发射产额及能谱测量数据见表 2.6 和图 2.23、图 2.24。

表 2.6　常见金属材料的二次电子发射特性产额及能谱测试数据汇总表

序号	金属材料名称
1	Al（铝）
2	Ti（钛）
3	Fe（铁）
4	Ni（镍）
5	Cu（铜）
6	Ta（钽）
7	W（钨）
8	304 不锈钢

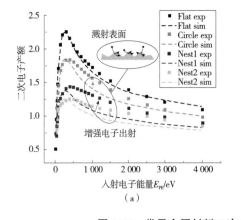

（a）

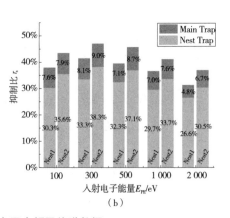

（b）

图 2.23　常见金属材料二次电子产额及能谱数据（一）

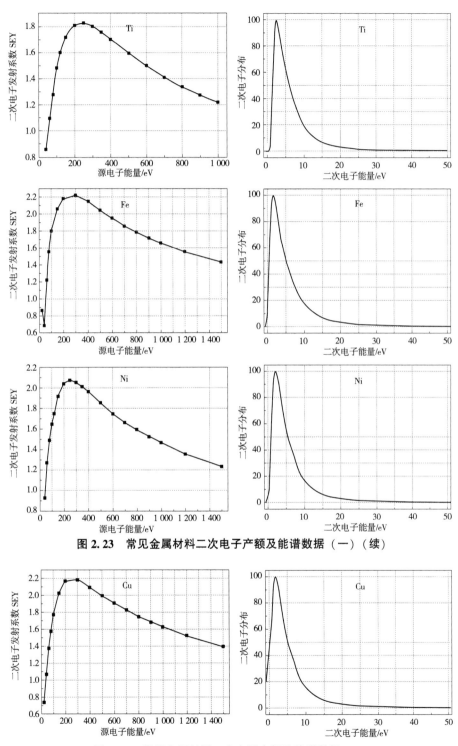

图 2.23　常见金属材料二次电子产额及能谱数据（一）（续）

图 2.24　常见金属材料二次电子产额及能谱数据（二）

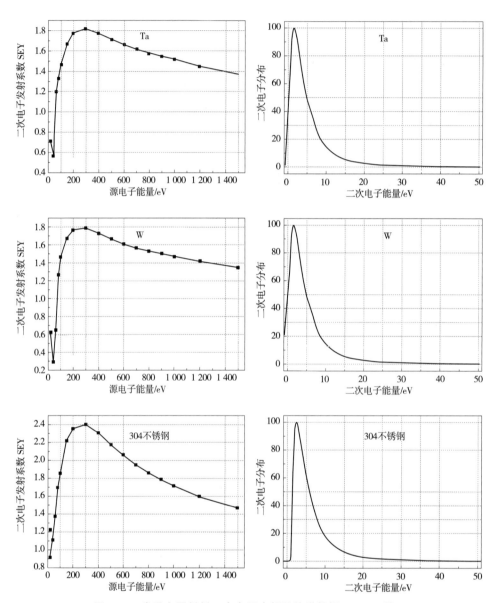

图 2.24　常见金属材料二次电子产额及能谱数据（二）（续）

2.3.2　常见介质材料的二次电子发射产额测量数据

常见介质材料的二次电子发射产额测量数据见表 2.7。

表 2.7　二次电子发射特性产额测试数据汇总表

序号	介质材料名称
1	聚乙烯（PE）
2	聚酰亚胺（PI）
3	尼龙（Nylon）
4	聚丙烯（PP）
5	聚氯乙烯（PVC）
6	聚碳酸酯（PC）
7	聚四氟乙烯（PTFE）
8	涤纶（PET）
9	热可塑性聚氨酯（TPU）
10	白云母（Muscovite）
11	二氧化硅（SiO_2）
12	聚甲基丙烯酸甲酯（PMMA）
13	氧化铝（Al_2O_3）
14	氮化铝（AlN）
15	氧化锆（ZrO_2）
16	碳化硅（SiC）
17	氮化硼（BN）
18	氮化硅（Si_3N_4）
19	铁氧体（Fe_3YO_6）
20	陶瓷 MST-16（$MgO-SiO_2-CaO-TiO_2$）
21	陶瓷 MCT-21（$MgO-CaO-TiO_2$）
22	陶瓷 ZNT-45（$Zr-Nb_2O_5-TiO_2$）

二次电子发射产额结果如表 2.8 至表 2.29 以及图 2.25 至图 2.46 所示。

1）聚乙烯（PE）

表 2.8　PE 介质的 SEY

入射电子能量/eV	SEY	正误差	负误差
50	1.191 6	0.042 8	−0.051 2
70	1.181 7	0.046 9	−0.029 1
100	1.518 8	0.106 2	−0.140 0
150	2.061 7	0.068 8	−0.107 1
200	2.415 6	0.084 4	−0.060 1
250	2.540 1	0.068 6	−0.081 7

续表

入射电子能量/eV	SEY	正误差	负误差
300	2.578 1	0.102 8	−0.116 5
350	2.608 6	0.072 2	−0.088 6
400	2.498 3	0.054 9	−0.098 3
450	2.411 1	0.005 6	−0.011 1
500	2.260 6	0.114 4	−0.093 9
600	1.996 0	0.086 2	−0.058 5
700	1.933 5	0.002 0	−0.002 9
800	1.783 0	0.020 3	−0.011 5
900	1.677 3	0.000 7	−0.000 8
1 000	1.574 2	0.032 4	−0.025 8
1 200	1.380 2	0.004 4	−0.005 2
1 400	1.231 6	0.070 0	−0.092 4
1 600	1.149 4	0.026 3	−0.024 4
1 800	1.044 9	0.008 5	−0.013 6
2 000	0.935 9	0.015 3	−0.014 9
2 200	0.872 2	0.010 9	−0.011 7
2 400	0.828 1	0.015 6	−0.014 2
2 600	0.797 4	0.009 8	−0.009 5
2 800	0.775 1	0.001 0	−0.000 9
3 000	0.750 5	0.019 6	−0.019 1
4 000	0.682 3	0.002 3	−0.001 3
5 000	0.613 4	0.005 8	−0.003 4

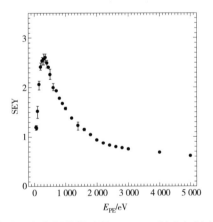

图 2.25   PE 介质二次电子发射系数（SEY）随着入射电子能量的变化

2）聚酰亚胺（PI）

表 2.9　PI 介质的 SEY

入射电子能量/eV	SEY	正误差	负误差
50	1.057 5	0.067 5	−0.067 5
100	1.587 5	0.057 5	−0.057 5
150	1.737 5	0.057 5	−0.057 5
200	1.840 0	0.05	−0.05
250	1.830 0	0.045	−0.045
300	1.775 0	0.045	−0.045
350	1.725 0	0.005	−0.005
450	1.565 0	0.01	−0.01
550	1.422 5	0.012 5	−0.012 5
650	1.345 0	0.01	−0.01
750	1.247 5	0.007 5	−0.002 5
850	1.152 5	0.002 5	−0.007 5
950	1.115 0	0.005	−0.005
1 150	1.040 0	0.01	−0.01
1 350	0.987 5	0.017 5	−0.017 5
1 550	0.955 0	0.01	−0.01
1 750	0.912 5	0.007 5	−0.007 5
1 950	0.867 5	0.007 5	−0.007 5
2 150	0.815	0.005	−0.005
2 350	0.797 5	0.012 5	−0.012 5
2 550	0.747 5	0.007 5	−0.007 5
2 750	0.737 5	0.007 5	−0.007 5
2 950	0.727 5	0.007 5	−0.007 5
4 000	0.662 5	0.017 5	−0.017 5
5 000	0.622 5	0.007 5	−0.007 5

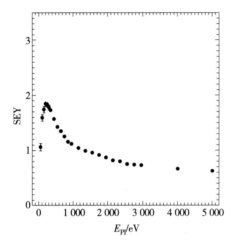

图 2.26　PI 介质二次电子发射系数（SEY）随着入射电子能量的变化

3）尼龙（Nylon）

表 2.10　Nylon 介质的 SEY

入射电子能量/eV	SEY	正误差	负误差
50	1. 116 7	0. 026 2	−0. 016 7
70	1. 318 9	0. 163 9	−0. 189 8
100	1. 744 1	0. 077 4	−0. 066 6
150	2. 239 5	0. 117 7	−0. 078 2
200	2. 244 8	0. 077 8	−0. 068 3
250	2. 663 7	0. 122 0	−0. 101 2
300	2. 547 3	0. 077 7	−0. 092 8
350	2. 547 6	0. 095 2	−0. 047 6
400	2. 401 8	0. 169 7	−0. 131 5
450	2. 157 6	0. 115 2	−0. 207 6
500	2. 168 8	0. 164 5	−0. 113 3
600	2. 020 8	0. 041 7	−0. 020 8
700	1. 888 9	0. 044 4	−0. 022 2
800	1. 627 4	0. 039 3	−0. 027 4

续表

入射电子能量/eV	SEY	正误差	负误差
900	1.468 7	0.047 4	−0.040 2
1 000	1.431 4	0.008 6	−0.014 7
1 200	1.207 5	0.031 4	−0.036 0
1 400	1.101 7	0.023 3	−0.042 9
1 600	0.990 2	0.009 8	−0.019 6
1 800	0.871 6	0.007 2	−0.014 4
2 000	0.825 2	0.031 9	−0.019 2
2 200	0.768 5	0.012 8	0.018 5
2 400	0.710 0	0.017 2	0.013 1
2 600	0.683 7	0.013 3	0.017 0
2 800	0.627 3	0.017 8	0.021 3
3 000	0.589 9	0.003 9	0.007 8
4 000	0.506 7	0.002 3	0.004 3
5 000	0.457 3	0.001 5	0.003 2

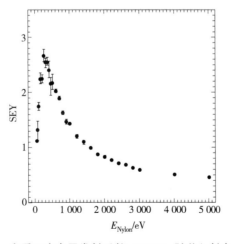

图 2.27 Nylon 介质二次电子发射系数（SEY）随着入射电子能量的变化

4）聚丙烯（PP）

表 2.11 PP 介质的 SEY

入射电子能量/eV	SEY	正误差	负误差
50	1.610 8	0.322 5	−0.182 3
100	1.978 6	0.188 0	−0.132 5
150	2.415 4	0.184 6	−0.137 6
200	2.889 9	0.047 6	−0.032 7
250	3.019 1	0.211 7	−0.130 2
300	2.983 3	0.283 3	−0.233 3
350	2.947 0	0.143 9	−0.113 6
400	2.808 2	0.066 8	−0.115 8
450	2.602 8	0.147 2	−0.121 3
500	2.403 4	0.096 6	−0.093 1
600	2.246 9	0.086 4	−0.061 7
700	2.078 0	0.042 0	−0.040 9
800	1.822 5	0.100 6	−0.063 8
900	1.713 2	0.011 8	−0.020 9
1 000	1.643 0	0.042 7	−0.048 4
1 200	1.390 7	0.045 2	−0.049 2
1 400	1.235 4	0.088 9	−0.053 6
1 600	1.076 7	0.012 2	−0.006 9
1 800	0.948 7	0.007 4	−0.013 2
2 000	0.885 0	0.008 6	−0.005 9
2 200	0.823 9	0.017 0	−0.015 4
2 400	0.791 9	0.008 1	−0.009 3
2 600	0.748 2	0.007 3	−0.009 1
2 800	0.721 4	0.002 0	−0.004 0
3 000	0.687 8	0.016 7	−0.017 7
4 000	0.603 5	0.012 5	−0.013 4
5 000	0.537 5	0.017 3	−0.017 4

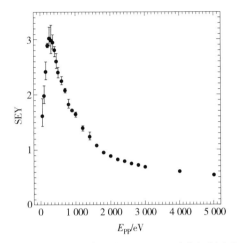

图 2.28　PP 介质二次电子发射系数（SEY）随着入射电子能量的变化

5）聚氯乙烯（PVC）

表 2.12　PVC 介质的 SEY

入射电子能量/eV	SEY	正误差	负误差
50	1.107 0	0.107 3	−0.067 0
100	1.487 2	0.084 2	−0.058 6
150	2.053 6	0.066 4	−0.086 9
200	2.257 4	0.087 4	−0.072 4
250	2.451 0	0.120 5	−0.126 6
300	2.573 0	0.116 6	−0.073 0
350	2.433 6	0.037 0	−0.044 7
400	2.434 7	0.065 3	−0.112 1
500	2.208 2	0.149 0	−0.102 9
600	2.082 2	0.132 1	−0.082 2
700	1.960 1	0.039 9	−0.022 6
800	1.787 9	0.069 2	−0.046 0
900	1.738 2	0.118 9	−0.154 9
1 000	1.615 2	0.051 5	−0.036 3
1 200	1.437 9	0.079 4	−0.060 8
1 400	1.321 6	0.035 5	−0.035 9
1 600	1.185 9	0.017 5	−0.025 2

入射电子能量/eV	SEY	正误差	负误差
1 800	1. 120 2	0. 027 9	−0. 016 8
2 000	0. 980 1	0. 019 9	−0. 039 8
2 200	0. 925 1	0. 024 1	−0. 012 8
2 400	0. 880 9	0. 015 7	−0. 012 0
2 600	0. 832 5	0. 013 7	−0. 020 0
2 800	0. 804 4	0. 019 1	−0. 018 7
3 000	0. 765 3	0. 010 6	−0. 019 5
4 000	0. 683 2	0. 010 4	−0. 013 2
5 000	0. 612 1	0. 010 0	−0. 012 6

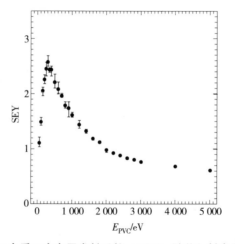

图 2.29 PVC 介质二次电子发射系数（SEY）随着入射电子能量的变化

6）聚碳酸酯（PC）

表 2.13 PC 介质的 SEY

入射电子能量/eV	SEY	正误差	负误差
50	0. 945 1	0. 081 2	−0. 045 1
100	1. 498 5	0. 073 0	−0. 043 9
150	1. 766 7	0. 066 7	−0. 100 0
200	1. 875 9	0. 178 2	−0. 209 2
250	1. 861 0	0. 089 0	−0. 175 3
300	1. 882 8	0. 086 9	−0. 064 6

入射电子能量/eV	SEY	正误差	负误差
350	1.833 1	0.109 8	−0.118 8
400	1.734 5	0.040 5	−0.050 3
500	1.540 2	0.020 7	−0.026 0
600	1.407 9	0.077 8	−0.042 0
700	1.298 7	0.069 7	−0.048 7
800	1.205 6	0.044 4	−0.038 9
900	1.139 1	0.014 8	−0.010 9
1 000	1.000 0	0.000 0	0.000 0
1 200	0.875 2	0.019 5	−0.033 1
1 400	0.792 5	0.023 3	−0.014 7
1 600	0.704 1	0.013 8	−0.009 7
1 800	0.654 0	0.012 7	−0.025 4
2 000	0.588 9	0.011 1	−0.017 5
2 200	0.556 6	0.014 8	−0.013 8
2 400	0.521 5	0.019 1	−0.021 5
2 600	0.502 6	0.005 2	−0.002 6
2 800	0.474 1	0.013 0	−0.012 6
3 000	0.452 9	0.004 2	−0.008 5
4 000	0.393 4	0.003 4	−0.005 3
5 000	0.347 4	0.002 5	−0.002 3

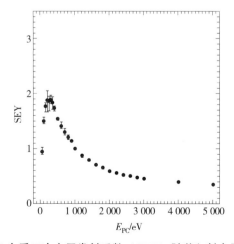

图 2.30　PC 介质二次电子发射系数（SEY）随着入射电子能量的变化

7) 聚四氟乙烯（PTFE）

表 2.14　PTFE 介质的 SEY

入射电子能量/eV	SEY	正误差	负误差
50	0.930 8	0.057 3	−0.019 1
100	1.157 6	0.116 8	−0.046 0
150	1.666 5	0.278 8	−0.090 8
200	1.951 2	0.182 0	−0.060 3
250	2.088 1	0.163 6	−0.055 6
300	2.255 2	0.098 2	−0.078 1
350	2.260 6	0.040 6	−0.050 5
400	2.258 5	0.025 6	−0.045 8
450	2.243 5	0.041 8	−0.067 6
500	2.221 9	0.066 6	−0.096 2
600	2.094 7	0.061 2	−0.087 1
700	1.881 6	0.059 7	−0.054 5
800	1.696 2	0.255 1	−0.099 1
900	1.658 6	0.258 6	−0.091 5
1 000	1.528 1	0.129 6	−0.149 3
1 200	1.428 9	0.072 3	−0.100 5
1 400	1.280 3	0.087 4	−0.080 8
1 600	1.193 6	0.031 5	−0.045 5
1 800	1.111 8	0.006 5	−0.002 9
2 000	1.036	0.013 8	−0.007 3
2 200	0.938 6	0.006 3	−0.007 3
2 400	0.912 5	0.059 9	−0.018 7
2 600	0.925 5	0.072 9	−0.074 5
2 800	0.903 2	0.079 7	−0.069 7
3 000	0.857 3	0.068 8	−0.061 6
4 000	0.765 7	0.009 0	−0.008 9
5 000	0.729 8	0.010 5	−0.010 4

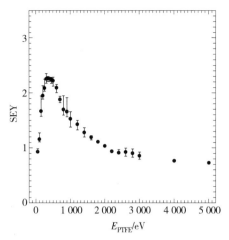

图 2.31　PTFE 介质二次电子发射系数（SEY）随着入射电子能量的变化

8）涤纶（PET）

表 2.15　PET 介质的 SEY

入射电子能量/eV	SEY	正误差	负误差
50	0.918 9	0.020 3	−0.030 0
100	1.380 9	0.051 5	−0.029 6
150	1.620 3	0.030 9	−0.020 3
200	1.774 4	0.071 8	−0.053 5
250	1.847 9	0.073 2	−0.067 4
300	1.740 6	0.028 6	−0.019 7
350	1.680 0	0.010 5	−0.013 4
400	1.582 0	0.037 0	−0.026 5
500	1.396 7	0.010 7	−0.017 4
600	1.259 5	0.009 7	−0.009 5
700	1.147 8	0.059 7	−0.060 1
800	1.034 6	0.007 1	−0.014 2
900	0.938 5	0.005 3	−0.009 3
1 000	0.872 9	0.010 8	−0.012 9
1 200	0.786 7	0.004 9	−0.005 5
1 400	0.705 4	0.012 0	−0.010 7
1 600	0.643 3	0.002 5	−0.005 0

续表

入射电子能量/eV	SEY	正误差	负误差
1 800	0.605 7	0.011 3	−0.013 9
2 000	0.550 2	0.003 0	−0.003 8
2 200	0.527 6	0.005 8	−0.007 6
2 400	0.500 0	0.000 0	0.000 0
2 600	0.475 3	0.008 2	−0.007 2
2 800	0.453 0	0.003 5	−0.004 1
3 000	0.435 3	0.004 7	−0.005 1
4 000	0.372 4	0.003 2	−0.004 3
5 000	0.335 4	0.003 4	−0.003 6

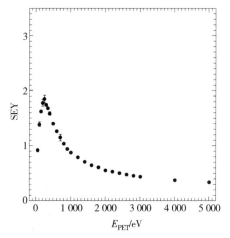

图 2.32   PET 介质二次电子发射系数（SEY）随着入射电子能量的变化

9) 热可塑性聚氨酯（TPU）

表 2.16   TPU 介质的 SEY

入射电子能量/eV	SEY	正误差	负误差
50	1.458 0	0.137 3	−0.088 4
100	1.772 8	0.045 3	−0.029 3
150	2.385 3	0.005 0	−0.004 3
200	2.519 2	0.130 8	−0.123 8
250	2.635 5	0.031 1	−0.054 1
300	2.583 4	0.021 3	−0.037 9

续表

入射电子能量/eV	SEY	正误差	负误差
350	2.519 7	0.130 3	−0.065 2
400	2.336 3	0.059 0	−0.063 6
500	2.156 3	0.029 7	−0.040 1
600	1.963 0	0.084 6	−0.051 9
700	1.798 7	0.055 0	−0.036 8
800	1.636 6	0.013 4	−0.026 8
900	1.489 9	0.045 0	−0.055 1
1 000	1.445 3	0.018 1	−0.036 2
1 200	1.253 8	0.018 9	−0.011 4
1 400	1.117 7	0.003 5	−0.003 4
1 600	0.995 6	0.004 4	−0.008 9
1 800	0.912 9	0.003 7	−0.006 3
2 000	0.839 6	0.005 4	−0.008 7
2 200	0.785 2	0.014 8	−0.007 4
2 400	0.734 0	0.002 9	−0.004 2
2 600	0.700 8	0.011 5	−0.006 4
2 800	0.663 5	0.003 2	−0.006 3
3 000	0.631 0	0.007 9	−0.009 3
4 000	0.556 0	0.005 4	−0.004 3
5 000	0.512 0	0.004 3	−0.003 2

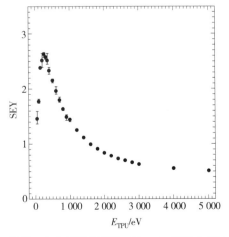

图 2.33　TPU 介质二次电子发射系数（SEY）随着入射电子能量的变化

10）白云母（Muscovite）

表 2.17　白云母介质的 SEY

入射电子能量/eV	SEY	正误差	负误差
50	1.842 8	0.379 4	−0.263 9
100	2.612 9	0.021 3	−0.027 5
150	3.484 2	0.140 8	−0.190 0
200	3.737 6	0.195 8	−0.208 2
250	3.928 8	0.182 3	−0.095 5
300	4.105 4	0.188 7	−0.305 4
350	4.228 1	0.035 1	−0.070 2
400	4.171 9	0.143 9	−0.171 9
450	4.066 7	0.133 3	−0.066 7
500	4.183 2	0.150 1	−0.078 0
600	3.988 9	0.177 8	−0.188 9
700	3.925 9	0.074 1	−0.037 0
800	3.561 1	0.105 6	−0.211 1
900	3.612 7	0.454 0	−0.374 6
1 000	3.287 6	0.045 8	−0.052 3
1 200	2.835 7	0.053 2	−0.035 7
1 400	2.587 6	0.086 9	−0.087 6
1 600	2.306 4	0.057 2	−0.106 4
1 800	2.248 7	0.037 0	−0.026 5
2 000	2.191 3	0.187 1	−0.145 8
2 200	2.042 5	0.107 5	−0.170 2
2 400	1.846 0	0.082 6	−0.058 8
2 600	1.682 1	0.038 9	−0.037 6
2 800	1.553 4	0.055 3	−0.043 6
3 000	1.522 4	0.023 1	−0.022 4
4 000	1.323 6	0.013 4	−0.013 5
5 000	1.233 2	0.010 0	−0.010 0

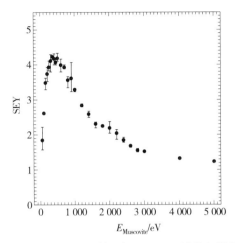

图 2. 34   白云母介质二次电子发射系数（SEY）随着入射电子能量的变化

11）二氧化硅（SiO_2）

表 2. 18 SiO_2 介质的 SEY

入射电子能量/eV	SEY	正误差	负误差
50	1. 638 9	0. 261 1	−0. 222 2
70	2. 196 0	0. 076 8	−0. 062 6
100	2. 631 0	0. 178 6	−0. 131 0
150	3. 366 4	0. 475 7	−0. 509 3
200	3. 812 0	0. 625 5	−0. 581 2
250	3. 863 5	0. 598 1	−0. 518 6
300	4. 086 7	0. 380 0	−0. 394 4
350	4. 036 7	0. 501 8	−0. 519 4
400	4. 233 1	0. 649 2	−0. 425 4
500	3. 845 2	0. 616 3	−0. 460 6
600	3. 595 9	0. 404 1	−0. 373 6
700	3. 631 9	0. 218 1	−0. 247 3
800	3. 430 6	0. 253 6	−0. 256 7
900	3. 104 4	0. 324 2	−0. 377 1
1 000	2. 845 7	0. 305 8	−0. 245 7
1 200	2. 716 9	0. 033 1	−0. 019 9
1 400	2. 404 1	0. 176 5	−0. 093 8
1 600	2. 375 1	0. 261 3	−0. 152 9

续表

入射电子能量/eV	SEY	正误差	负误差
1 800	2.213 0	0.037 0	−0.059 2
2 000	2.003 7	0.150 2	−0.146 5
2 200	1.904 8	0.178 6	−0.190 5
2 400	1.692 9	0.122 0	−0.121 4
2 600	1.655 9	0.029 8	−0.040 5
2 800	1.581 3	0.047 3	−0.081 3
3 000	1.584 0	0.116 0	−0.070 5
4 000	1.428 4	0.113 0	−0.042 8
5 000	1.354 3	0.104 0	−0.036 7

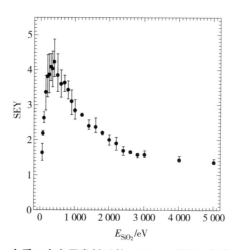

图 2.35　SiO$_2$ 介质二次电子发射系数（SEY）随着入射电子能量的变化

12）聚甲基丙烯酸甲酯（PMMA）

表 2.19　PMMA 介质的 SEY

入射电子能量/eV	SEY	正误差	负误差
50	1.232 8	0.100 6	−0.062 9
70	1.342 3	0.299 2	−0.179 1
100	1.547 1	0.186 3	−0.113 7
150	2.091 8	0.066 1	−0.044 1
200	2.295 7	0.045 2	−0.082 9
250	2.438 8	0.038 5	−0.034 5
300	2.452 8	0.036 1	−0.061 5

续表

入射电子能量/eV	SEY	正误差	负误差
350	2.470 5	0.017 9	-0.023 6
400	2.324 8	0.044 8	-0.039 1
450	2.257 5	0.053 6	-0.026 8
500	2.099 9	0.055 7	-0.028 5
600	1.962 6	0.056 3	-0.050 3
700	1.806 8	0.042 2	-0.021 1
800	1.671 1	0.083 6	-0.044 0
900	1.536 9	0.082 2	-0.045 3
1 000	1.449 1	0.042 1	-0.049 1
1 200	1.333 1	0.018 8	-0.025 4
1 400	1.158 9	0.019 7	-0.016 0
1 600	1.046 1	0.025 4	-0.013 8
1 800	0.911 1	0.017 5	-0.011 1
2 000	0.857 2	0.004 9	-0.009 7
2 200	0.815 2	0.012 4	-0.018 6
2 400	0.787 7	0.035 9	-0.024 0
2 600	0.728 7	0.012 0	-0.007 4
2 800	0.709 5	0.004 8	-0.009 5
3 000	0.694 3	0.014 8	-0.010 1
4 000	0.613 2	0.003 4	-0.023 0
5 000	0.571 2	0.002 3	-0.034 0

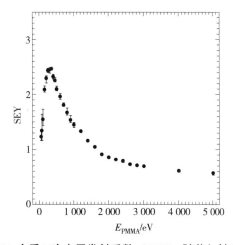

图 2.36　PMMA 介质二次电子发射系数（SEY）随着入射电子能量的变化

13）氧化铝（Al_2O_3）

表 2.20　Al_2O_3 介质的 SEY 数值

入射电子能量/eV	SEY	正误差	负误差
50	1.245 9	0.024 7	−0.074 2
100	1.824 4	0.090 4	−0.090 4
200	2.619 2	0.104 6	−0.104 6
300	3.334 1	0.319 9	−0.106 6
400	3.672 3	0.056 5	−0.056 5
500	4.175 8	0.146 9	−0.146 9
600	4.530 9	0.555 1	−0.185 1
700	4.302 3	0.137 2	−0.137 3
800	3.934 3	0.151 7	−0.050 6
900	4.046 2	0.046 2	−0.046 4
1 000	3.912 5	0.062 5	−0.062 5
1 200	3.753 8	0.017 0	−0.005 7
1 400	3.476 5	0.139 4	−0.418 2
1 600	3.445 7	0.106 3	−0.319 0
1 800	3.049 1	0.184 4	−0.184 3
2 000	2.904 1	0.310 1	−0.310 2
2 200	2.555 9	0.129 4	−0.388 5
2 400	2.557 5	0.306 4	−0.306 5
2 600	2.250 8	0.151 6	−0.455 1
2 800	1.903 5	0.232 3	−0.232 3
3 000	1.845 2	0.189 0	−0.189 1
4 000	1.584 6	0.064 2	−0.021 5
5 000	1.374 4	0.038 9	−0.038 9

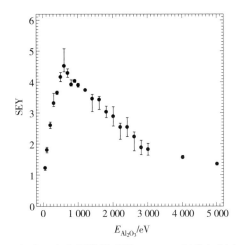

图 2.37　Al₂O₃ 介质二次电子发射系数（SEY）随着入射电子能量的变化

14）氮化铝（AlN）

表 2.21　AlN 介质的 SEY

入射电子能量/eV	SEY	正误差	负误差
50	1.096	0.052 2	−0.052 1
70	1.476	0.075 9	−0.075 8
150	2.163 6	0.040 6	−0.121 7
200	2.612 3	0.020 2	−0.020 3
300	2.935 3	0.053 9	−0.054 0
400	3.021 9	0.087 7	−0.087 6
500	2.849 1	0.028 4	−0.028 5
600	2.682	0.041 0	−0.013 6
700	2.584 8	0.043 4	−0.043 4
800	2.515 3	0.029 1	−0.029 2
900	2.287 4	0.031 1	−0.031 1
1 000	2.289 2	0.057 7	−0.057 6
1 200	2.060 5	0.036 8	−0.036 9
1 400	1.841 3	0.009 4	−0.009 4
1 600	1.723 6	0.027 1	−0.027 1
1 800	1.647 4	0.042 0	−0.042 1
2 000	1.555 3	0.025 7	−0.025 8

续表

入射电子能量/eV	SEY	正误差	负误差
2 200	1. 485 0	0. 002 3	−0. 002 2
2 400	1. 406 6	0. 019 5	−0. 019 5
2 600	1. 332 5	0. 010 4	−0. 031 1
2 800	1. 283 1	0. 003 6	−0. 003 7
3 000	1. 223 1	0. 009 4	−0. 009 4
4 000	1. 033 6	0. 003 0	−0. 003 1
5 000	0. 999 9	0. 017 5	−0. 005 8

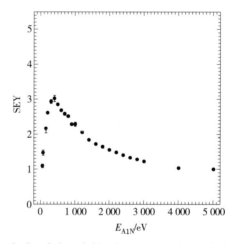

图 2.38   AlN 介质二次电子发射系数（SEY）随着入射电子能量的变化

15）氧化锆（ZrO$_2$）

表 2.22   ZrO$_2$ 介质的 SEY

入射电子能量/eV	SEY	正误差	负误差
50	1. 490 0	0. 170 0	−0. 160 0
100	2. 030 0	0. 120 0	−0. 120 0
150	2. 500 0	0. 050 0	−0. 040 0
200	2. 870 0	0. 030 0	−0. 030 0
250	3. 180 0	0. 180 0	−0. 180 0
300	3. 290 0	0. 060 0	−0. 060 0
350	3. 390 0	0. 040 0	−0. 030 0

续表

入射电子能量/eV	SEY	正误差	负误差
400	3. 290 0	0. 040 0	−0. 040 0
500	3. 200 0	0. 090 0	−0. 090 0
600	3. 130 0	0. 010 0	−0. 010 0
700	2. 980 0	0. 060 0	−0. 050 0
800	2. 770 0	0. 080 0	−0. 070 0
900	2. 640 0	0. 060 0	−0. 050 0
1 000	2. 520 0	0. 030 0	−0. 020 0
1 200	2. 370 0	0. 020 0	−0. 020 0
1 400	2. 130 0	0. 070 0	−0. 070 0
1 600	2. 030 0	0. 030 0	−0. 030 0
1 800	1. 970 0	0. 030 0	−0. 030 0
2 000	1. 790 0	0. 030 0	−0. 020 0
2 200	1. 740 0	0. 030 0	−0. 030 0
2 400	1. 600 0	0. 000 0	0. 010 0
2 600	1. 570 0	0. 010 0	−0. 010 0
2 800	1. 510 0	0. 000 0	0. 000 0
3 000	1. 450 0	0. 020 0	−0. 010 0
4 000	1. 300 0	0. 010 0	0. 000 0
5 000	1. 210 0	0. 010 0	0. 000 0

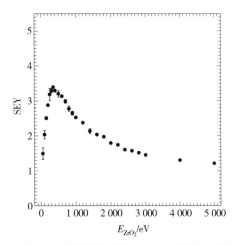

图 2.39　ZrO_2 介质二次电子发射系数（SEY）随着入射电子能量的变化

16）碳化硅（SiC）

表 2.23　SiC 介质的 SEY

入射电子能量/eV	SEY	正误差	负误差
50	1.580 0	0.080 0	−0.080 0
100	2.530 0	0.080 0	−0.070 0
150	2.880 0	0.060 0	−0.060 0
200	2.800 0	0.030 0	−0.020 0
250	2.980 0	0.020 0	−0.020 0
300	2.980 0	0.020 0	−0.010 0
350	2.920 0	0.020 0	−0.020 0
400	2.880 0	0.070 0	−0.070 0
500	2.590 0	0.040 0	−0.030 0
600	2.530 0	0.070 0	−0.070 0
700	2.310 0	0.000 0	0.000 0
800	2.190 0	0.020 0	−0.020 0
900	1.980 0	0.000 0	0.000 0
1 000	1.890 0	0.030 0	−0.020 0
1 200	1.730 0	0.020 0	−0.010 0
1 400	1.580 0	0.030 0	−0.020 0
1 600	1.450 0	0.000 0	0.000 0
1 800	1.380 0	0.020 0	−0.020 0
2 000	1.280 0	0.020 0	−0.010 0
2 200	1.200 0	0.000 0	0.010 0
2 400	1.120 0	0.010 0	0.000 0
2 600	1.110 0	0.010 0	0.000 0
2 800	1.050 0	0.010 0	0.000 0
3 000	1.020 0	0.000 0	0.000 0
4 000	0.900 0	0.000 0	0.000 0
5 000	0.820 0	0.000 0	0.000 0

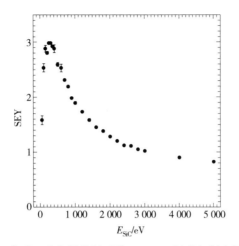

图 2.40　SiC 介质二次电子发射系数（SEY）随着入射电子能量的变化

17）氮化硼（BN）

表 2.24　BN 介质的 SEY

入射电子能量/eV	SEY	正误差	负误差
50	0.680 0	0.030 0	−0.020 0
100	1.200 0	0.010 0	−0.010 0
150	1.720 0	0.030 0	−0.020 0
200	2.100 0	0.060 0	−0.060 0
250	2.330 0	0.030 0	−0.020 0
300	2.520 0	0.140 0	−0.130 0
350	2.590 0	0.050 0	−0.050 0
400	2.590 0	0.020 0	−0.020 0
500	2.630 0	0.010 0	−0.010 0
600	2.470 0	0.000 0	0.000 0
700	2.440 0	0.110 0	−0.100 0
800	2.390 0	0.070 0	−0.070 0
900	2.290 0	0.050 0	−0.040 0
1 000	2.180 0	0.020 0	−0.010 0
1 200	2.020 0	0.020 0	−0.020 0
1 400	1.910 0	0.010 0	−0.010 0
1 600	1.850 0	0.030 0	−0.020 0
1 800	1.770 0	0.050 0	−0.050 0

续表

入射电子能量/eV	SEY	正误差	负误差
2 000	1. 730 0	0. 020 0	−0. 010 0
2 200	1. 680 0	0. 020 0	−0. 020 0
2 400	1. 600 0	0. 020 0	−0. 020 0
2 600	1. 490 0	0. 020 0	−0. 010 0
2 800	1. 440 0	0. 010 0	0. 000 0
3 000	1. 430 0	0. 020 0	−0. 010 0
4 000	1. 320 0	0. 020 0	−0. 010 0
5 000	1. 250 0	0. 010 0	−0. 010 0

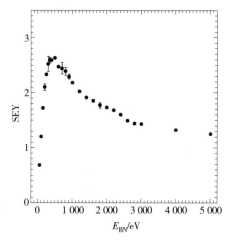

图 2.41　BN 介质二次电子发射系数（SEY）随着入射电子能量的变化

18）氮化硅（Si_3N_4）

表 2. 25　Si_3N_4 介质的 SEY

入射电子能量/eV	SEY	正误差	负误差
50	0. 850 0	0. 100 0	−0. 090 0
100	1. 110 0	0. 010 0	−0. 010 0
150	1. 560 0	0. 010 0	−0. 010 0
200	1. 880 0	0. 030 0	−0. 030 0
250	2. 100 0	0. 010 0	−0. 010 0
300	2. 250 0	0. 000 0	−0. 010 0
350	2. 310 0	0. 020 0	−0. 010 0

续表

入射电子能量/eV	SEY	正误差	负误差
400	2. 370 0	0. 030 0	−0. 020 0
500	2. 390 0	0. 050 0	−0. 040 0
600	2. 400 0	0. 020 0	−0. 020 0
700	2. 410 0	0. 050 0	−0. 040 0
800	2. 330 0	0. 020 0	−0. 020 0
900	2. 310 0	0. 060 0	−0. 060 0
1 000	2. 220 0	0. 040 0	−0. 030 0
1 200	2. 170 0	0. 020 0	−0. 010 0
1 400	2. 010 0	0. 020 0	−0. 010 0
1 600	1. 930 0	0. 000 0	0. 000 0
1 800	1. 820 0	0. 020 0	−0. 010 0
2 000	1. 760 0	0. 050 0	−0. 050 0
2 200	1. 700 0	0. 000 0	0. 010 0
2 400	1. 640 0	0. 000 0	0. 010 0
2 600	1. 560 0	0. 030 0	−0. 020 0
2 800	1. 550 0	0. 050 0	−0. 050 0
3 000	0. 720 0	0. 030 0	−0. 020 0
4 000	1. 400 0	0. 040 0	−0. 030 0
5 000	1. 320 0	0. 030 0	0. 020 0

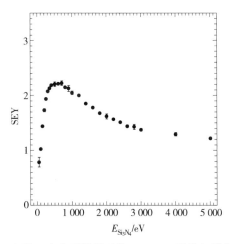

图 2.42　Si_3N_4 介质二次电子发射系数（SEY）随着入射电子能量的变化

19) 铁氧体 （Fe_3YO_6）

表 2.26 铁氧体介质的 SEY

入射电子能量/eV	SEY	正误差	负误差
50	1.150 9	0.023 5	−0.070 8
100	1.735 8	0.058 5	−0.110 3
200	2.184 3	0.033 2	−0.088 4
300	2.379 1	0.046 6	−0.065 3
400	2.362 0	0.155 2	−0.146 4
500	2.245 2	0.045 2	−0.038 2
600	2.210 5	0.042 4	−0.039 5
700	2.213 0	0.093 0	−0.074 4
800	2.058 3	0.068 9	−0.061 7
900	1.911 1	0.046 2	−0.050 4
1 000	1.783 4	0.046 7	−0.062 7
1 200	1.692 3	0.027 8	−0.034 9
1 400	1.609 2	0.048 5	−0.057 4
1 600	1.458 9	0.028 4	−0.041 1
1 800	1.427 7	0.012 4	−0.014 1
2 000	1.395 7	0.004 3	−0.009 0
2 200	1.335 1	0.025 5	−0.028 5
2 400	1.293 7	0.020 6	−0.024 4
2 600	1.251 2	0.015 9	−0.023 8
2 800	1.199 4	0.012 4	−0.017 9
3 000	1.169 9	0.016 5	−0.030 1
4 000	1.018 2	0.011 7	−0.011 7
5 000	0.963 2	0.003 0	−0.008 9

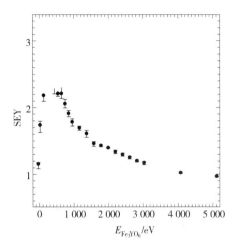

图 2.43　铁氧体介质二次电子发射系数（SEY）随着入射电子能量的变化

20）陶瓷 MST-16（MgO-SiO$_2$-CaO-TiO$_2$）

表 2.27　陶瓷 MST-16 介质的 SEY

入射电子能量/eV	SEY	正误差	负误差
50	1.240 0	0.040 0	-0.040 0
100	1.860 0	0.020 0	-0.030 0
150	2.440 0	0.090 0	-0.100 0
200	2.700 0	0.100 0	-0.100 0
250	3.000 0	0.050 0	-0.050 0
300	3.260 0	0.060 0	-0.070 0
350	3.240 0	0.100 0	-0.110 0
400	3.290 0	0.050 0	-0.060 0
500	3.200 0	0.000 0	-0.010 0
600	3.000 0	0.000 0	0.000 0
700	3.010 0	0.050 0	-0.050 0
800	2.890 0	0.040 0	-0.040 0
900	2.920 0	0.020 0	-0.030 0
1 000	2.740 0	0.090 0	-0.100 0
1 200	2.440 0	0.070 0	-0.080 0
1 400	2.260 0	0.010 0	-0.020 0
1 600	2.230 0	0.050 0	-0.050 0

续表

入射电子能量/eV	SEY	正误差	负误差
1 800	1.970 0	0.020 0	-0.030 0
2 000	1.920 0	0.020 0	-0.020 0
2 200	1.740 0	0.060 0	-0.060 0
2 400	1.710 0	0.030 0	-0.040 0
2 600	1.570 0	0.020 0	-0.030 0
2 800	1.540 0	0.010 0	-0.020 0
3 000	1.480 0	0.010 0	-0.020 0
4 000	1.320 0	0.010 0	-0.010 0
5 000	1.240 0	0.010 0	0.000 0

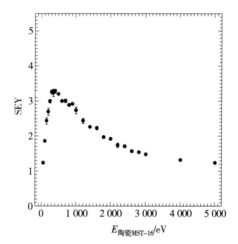

图 2.44　陶瓷 MST-16 介质二次电子发射系数（SEY）随着入射电子能量的变化

21）陶瓷 MCT-21（MgO-CaO-TiO$_2$）

表 2.28　陶瓷 MCT-21 介质的 SEY

入射电子能量/eV	SEY	正误差	负误差
50	1.327 5	0.052 5	-0.052 5
100	1.960 0	0.030 0	-0.030 0
150	2.540 0	0.030 0	-0.015 0
200	2.827 5	0.007 5	-0.007 5
250	2.977 5	0.027 5	-0.027 5
300	3.055 0	0.030 0	-0.030 0

入射电子能量/eV	SEY	正误差	负误差
350	3. 107 5	0. 052 5	0. 052 5
400	3. 022 5	0. 012 5	-0. 012 5
500	2. 865 0	0. 020 0	-0. 020 0
600	2. 802 5	0. 005 8	-0. 017 5
700	2. 625 0	0. 020 0	-0. 020 0
800	2. 422 5	0. 032 5	-0. 097 5
900	2. 400 0	0. 006 7	-0. 020 0
1 000	2. 240 0	0. 025 0	-0. 025 0
1 200	2. 017 5	0. 012 5	-0. 012 5
1 400	1. 847 5	0. 012 5	-0. 012 5
1 600	1. 730 0	0. 010 0	-0. 010 0
1 800	1. 610 0	0. 010 0	-0. 010 0
2 000	1. 545 0	0. 015 0	-0. 015 0
2 200	1. 492 5	0. 005 8	-0. 017 5
2 400	1. 417 5	0. 017 5	-0. 017 5
2 600	1. 350 0	0. 010 0	-0. 010 0
2 800	1. 300 0	0. 010 0	-0. 010 0
3 000	1. 252 5	0. 007 5	-0. 007 5
4 000	1. 070 0	0. 010 0	-0. 010 0
5 000	0. 982 5	0. 052 5	-0. 017 5

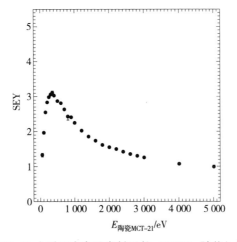

图 2.45　陶瓷 MCT-21 介质二次电子发射系数（SEY）随着入射电子能量的变化

22）陶瓷 ZNT-45（Zr-Nb$_2$O$_5$-TiO$_2$）

表 2.29　陶瓷 ZNT-45 介质的 SEY

入射电子能量/eV	SEY	正误差	负误差
50	1.420 0	0.000 0	0.000 0
100	2.040 0	0.200 0	−0.200 0
150	2.620 0	0.090 0	−0.100 0
200	2.960 0	0.030 0	−0.040 0
250	3.060 0	0.110 0	−0.120 0
300	3.010 0	0.010 0	−0.020 0
350	3.120 0	0.050 0	−0.060 0
400	2.980 0	0.130 0	−0.130 0
500	2.970 0	0.020 0	−0.030 0
600	2.780 0	0.040 0	−0.050 0
700	2.760 0	0.020 0	−0.030 0
800	2.570 0	0.020 0	−0.030 0
900	2.370 0	0.090 0	−0.100 0
1 000	2.410 0	0.030 0	−0.030 0
1 200	2.150 0	0.040 0	−0.040 0
1 400	1.990 0	0.040 0	−0.050 0
1 600	1.870 0	0.020 0	−0.020 0
1 800	1.710 0	0.000 0	−0.010 0
2 000	1.650 0	0.010 0	−0.020 0
2 200	1.570 0	0.010 0	−0.010 0
2 400	1.510 0	0.000 0	0.000 0
2 600	1.440 0	0.000 0	0.000 0
2 800	1.360 0	0.000 0	0.000 0
3 000	1.300 0	0.000 0	0.000 0
4 000	1.180 0	0.000 0	0.000 0
5 000	1.100 0	0.000 0	0.000 0

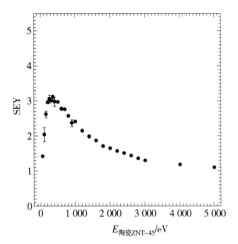

图 2.46　陶瓷 ZNT–45 介质二次电子发射系数（SEY）随着入射电子能量的变化

第 3 章
二次电子发射表面调控技术

■ 3.1　表面微结构抑制二次电子发射

微放电本质上是由二次电子在微波腔体内的谐振场作用下倍增而引发的。当一个腔体内的种子电了在外加射频电场的作用下，加速到达一侧极板，所产生更多的二次电子会在下一个射频翻转电场作用下加速到达另一侧极板，从而产生更多电子，依此反复，最终产生大量电子云，发生微放电现象。因此，微放电研究的本质即二次电子发射特性的研究，而对微放电效应的抑制核心就是抑制二次电子在微波腔体内的倍增过程。在航天工程上，目前最主要的办法就是通过改变微波腔体结构，针对微放电效应敏感区域设计特殊的尺寸和工作频率以提高微放电的阈值。然而，这种办法一方面需要花费大量的时间和成本对每个微波部件进行大量实验来获得具体的敏感区域；另一方面，部件尺寸和工作频率的改变也制约了其工作范围和性能。

因此，在本章中提出了几种通过表面微陷阱结构来抑制材料表面的二次电子发射，从而进一步抑制微放电现象。通过在易构型表面生成规则的表面微陷阱阵列，获得表面的抑制特性。此外，通过建立表面微陷阱结构下二次电子发射概率模型，获得陷阱结构对二次电子发射的抑制规律，以及对微放电品质因子的影响特性。

3.1.1　表面构型抑制二次电子的基本原理

表面构型技术抑制二次电子的基本原理主要依赖于以下两个物理效应：斜入射效应，即 SEY 随初始电子入射角度的增加而增大；遮挡效应，即出射的二次电子被出射位置附近的材料所遮挡、吸收导致 SEY 减小。图 3.1 给出了微孔阵列结构抑制 SEY 的基本原理：射入孔内的初始电子所激发的二次电子，由于孔侧壁的遮挡效应而被抑制，导致 SEY 减小。需要指出的是，当表面构型的尺度进入纳米量级时，电子的波特性或量子特性可能占据主导地位，这超出了本节的讨论范围。

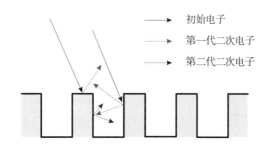

初始电子
第一代二次电子
第二代二次电子

图 3.1　微孔结构抑制二次电子发射机理 （书后附彩插）

3.1.2　样品表面规则槽结构

为了获得规整度较高的槽结构金属表面微陷阱，本节采用了硅基底光刻-金属溅射的样品制备方法。制备流程如图 3.2 所示，首先，对硅基底进行表面抛光、清洗等预处理，然后对预处理过的样品进行旋转涂胶、烘烤，接着将涂胶过的样品在掩膜板（掩膜板的尺寸在几十微米数量级）的覆盖下进行紫外曝光，再次烘烤后，采用正胶显影剂对样品进行显影，将显影后的样品进行烘烤，并采用刻蚀剂对样品进行刻蚀，在去除光刻胶后对刻蚀后的样品进行超声清洗、烘干，最后对具有表面微结构的硅基片进行金属银磁控溅射，溅射厚度大约为 300 nm。一方面，由于溅射厚度远远小于尺寸结构，因此对表面微结构的规整度影响很小；另一方面，对于表面二次电子发射研究来说，300 nm 深度以下的内二次电子不会再出射，也即不会影响金属二次电子发射特性。图 3.3 所示为圆柱形孔和矩形槽表面微阵列结构样品的激光共聚焦图像。

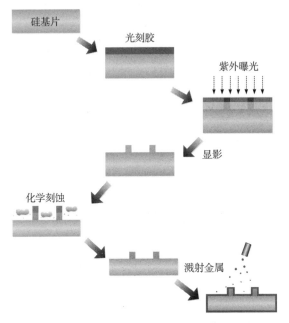

图 3.2　表面构型工艺流程示意图

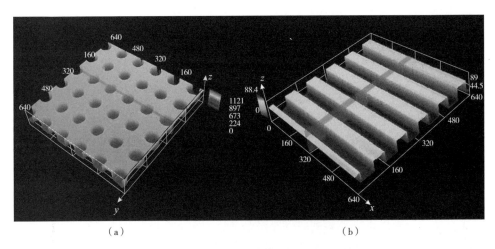

（a）　　　　　　　　　　　（b）

图 3.3　不同表面构型的激光共聚焦成像

（a）圆孔结构；（b）矩形槽结构

经刻蚀、溅射后的带表面微陷阱阵列的样品通过二次电子发射平台来进行测试。图 3.4 所示为用于测试的二次电子发射平台结构示意图和测试样品部位实物。整个样品被放置于真空度为 10^{-8} Pa 的高真空环境中，通过 Gamma Vacuum

公司的离子泵配合钛升华泵同时进行抽气维持。平台的主电子枪采用德国 Staib 仪器公司生产的型号为 EK5IK 的同轴栅控电子枪，其能量范围为 20~5 000 keV，束流范围为 50 pA~2 nA。测试的主要电流表为皮安表，是由美国 Keithley 仪器公司生产的型号为 6487E 的电流表，测试电流范围为 20 fA~20 mA，测量精度为 10 fA。二次电子产额的测量主要采用电流法进行测量。

首先，在样品上施加+500 V 偏压，为了确保绝大部分入射电子都可以照射在样品表面，通过皮安表测得的电流为入射电子电流，用 I_1 表示。然后，在样品上施加-20 V 偏压，此时可以将出射的二次电子从样品表面排斥开，测量得到的电流为除去二次电子电流的样品电流，用 I_2 表示。因此，二次电子电流 $I_{SE}=I_1-I_2$，二次电子产额 SEY 可以表示为 $\delta=I_{SE}/I_1$。

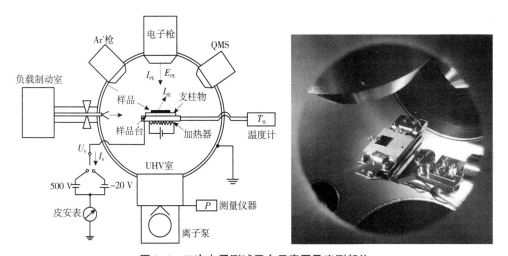

图 3.4　二次电子测试平台示意图及实测部位

二次电子发射主要是由入射电子与材料相互作用后从样品表面出射的现象，其原理示意图如图 3.5 所示。入射的初始电子会与材料原子核及核外电子发生弹性和非弹性碰撞，其中在非弹性碰撞过程中会激发核外层电子产生内二次电子。在一系列碰撞之后从表面出射的电子应该包含直接表面反弹回去的原电子（弹性背散射电子、发生过非弹性碰撞的原电子）、非弹性背散射电子、内部产生的二次电子（本征二次电子）。

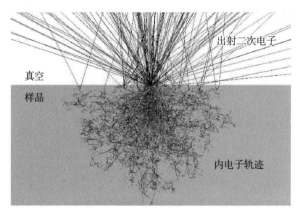

图 3.5 二次电子发射原理示意图

因此，在数值模拟中主要针对这 3 种类型的电子进行处理。本书采用概率模型对这 3 种电子分别模拟其在不同入射电子能量和入射角度下的概率来得到总的二次电子产额及能谱。

对于弹性背散射而言，其概率可以表示为

$$P_{\mathrm{e}}(E_{\mathrm{p}},\theta_{\mathrm{p}}) = \varepsilon(E_{\mathrm{p}},\theta_{\mathrm{p}}) = \varepsilon(E_{\mathrm{p}})^{\cos\theta_{\mathrm{p}}} C_2^{1-\cos\theta_{\mathrm{p}}} \tag{3.1}$$

$$C_2 = \frac{\chi\varepsilon(E_{\mathrm{p}})}{\varepsilon(E_{\mathrm{p}})+\eta(E_{\mathrm{p}})} \tag{3.2}$$

$$\varepsilon(E_{\mathrm{p}}) = \frac{\varepsilon_1}{\left(1+\dfrac{E_{\mathrm{p}}}{E_{\mathrm{e1}}}\right)} + \frac{\varepsilon_2}{\left(1+\dfrac{E_{\mathrm{p}}}{E_{\mathrm{e2}}}\right)} \tag{3.3}$$

式中：C_2 为弹性背散射相关系数；$\varepsilon(E_{\mathrm{p}})$ 为均化弹性背散射系数；$\varepsilon_1 = \varepsilon_0 - \varepsilon_2$，$\varepsilon_0$、$\varepsilon_2$ 为与初始电子入射能量有关的弹性背散射系数；E_{p} 为初始电子入射能量；θ_{p} 为电子入射角度；χ 为根据材料测试数据的待定系数。

非弹性背散射发生概率为

$$P_{\mathrm{i}}(E_{\mathrm{p}},\theta_{\mathrm{p}}) = \eta(E_{\mathrm{p}},\theta_{\mathrm{p}}) = \eta(E_{\mathrm{p}})^{\cos\theta_{\mathrm{p}}} C_1^{1-\cos\theta_{\mathrm{p}}} \tag{3.4}$$

$$C_1 = \frac{\chi\eta(E_{\mathrm{p}})}{\varepsilon(E_{\mathrm{p}})+\eta(E_{\mathrm{p}})} \tag{3.5}$$

$$\eta(E_{\mathrm{p}}) = a_1(1-b_1 E_{\mathrm{p}}) E_{\mathrm{p}}^{\gamma}\exp\left(-\left(\frac{E_{\mathrm{p}}}{E_{\mathrm{b}}}\right)^{\mu}\right) \tag{3.6}$$

式中：C_1 为非弹性背散射相关系数；$\eta(E_{\mathrm{p}})$ 为均化非弹性背散射系数；$E_{\mathrm{b}} = c_1 +$

d_1Z，Z 为原子序数；a_1、b_1、γ、μ、c_1、d_1 的取值取决于材料特性。

对于入射电子与材料原子的单次碰撞，只发射一种散射类型，即弹性背散射、非弹性背散射、本征二次电子发射。因此，对于剩余的本征二次电子发射的概率可以表示为

$$P_{\mathrm{s}}(E_{\mathrm{p}},\theta_{\mathrm{p}})=1-\varepsilon(E_{\mathrm{p}},\theta_{\mathrm{p}})-\eta(E_{\mathrm{p}},\theta_{\mathrm{p}}) \tag{3.7}$$

通过求得每一种碰撞类型发射的概率后，需要进一步确定出射二次电子的产额、能谱以及角度分布。对于二次电子产额可以根据出射电子的类型同样分为 3 种，即本征二次电子产额 δ、背散射二次电子产额 η 及总二次电子产额 σ，其计算式分别为

$$\delta=\delta_{\mathrm{m}}\frac{s\dfrac{E_{\mathrm{p}}}{E_{\mathrm{m}}}}{s-1+\left(\dfrac{E_{\mathrm{p}}}{E_{\mathrm{m}}}\right)^{s}}\frac{k+1}{k+\cos\theta_{\mathrm{p}}} \tag{3.8a}$$

$$\eta=\left[\frac{(1-P_{\mathrm{s}}(E_{\mathrm{p}},\theta_{\mathrm{p}}))}{P_{\mathrm{s}}(E_{\mathrm{p}},\theta_{\mathrm{p}})}\right]\delta \tag{3.8b}$$

$$\sigma=\frac{\delta}{P_{\mathrm{s}}(E_{\mathrm{p}},\theta_{\mathrm{p}})} \tag{3.8c}$$

式中：δ_{m}、E_{m} 分别为最大产额及对应的初始电子能量；s 为与材料相关的常数；θ_{p} 为入射角度；$k=pZ+r$；r 为与表面状态相关的常数。

接下来考虑出射二次电子的能谱，同样针对 3 种类型电子分类。

（1）弹性背散射电子。出射的弹性背散射电子的能量可直接近似等于入射能量。

（2）非弹性背散射电子。其出射电子的能量可表示为

$$E_{\mathrm{b}}=E_{\mathrm{p}}G_{\mathrm{b}}(u)=E_{\mathrm{p}}\alpha^{-1/n_{\mathrm{b}}}\left(\arccos(1-\beta u)\right)^{1/n_{\mathrm{b}}} \tag{3.9}$$

式中：$\beta=1-\cos\alpha$；$\alpha=\pi X_{\mathrm{cb}}^{n_{\mathrm{b}}}$；$n_{\mathrm{b}}$、$X_{\mathrm{cb}}$ 为待定参数；u 为在 $(0,1)$ 区间内服从均匀分布的随机数。

（3）本征二次电子。其出射电子的能量可表示为

$$E_{\mathrm{se}}=E_{\mathrm{re}}G_{\mathrm{s}}(u) \tag{3.10}$$

式中：$E_{\mathrm{re},i}$ 为发射第 i 个本征二次电子时的弹性背散射能量 E_{re}，考虑到满足能量

守恒，第 $i-1$ 个本征二次电子能量 $E_{se,i-1}$ 可以以此类推来得到 $E_{se,i-1}=E_{re,i-1}-E_{re,i}$。这里，式（3.9）中能量概率密度函数 $G_s(u)$ 可表示为

$$G_s(u)=\left(\frac{2}{\pi}\arctan\left(\left(\tan\left(\frac{\pi}{2}X_{cs}\right)\tan\left(\frac{\pi}{2}u\right)\right)^{1/2}\right)\right)^{1/n_s} \tag{3.11}$$

其中，

$$X_{cs}=\frac{X_c}{(0.9+1.1X_c)} \tag{3.12}$$

$$X_c=4(B-\mathrm{e}^{-E_{tr}/A})/E_{tr} \tag{3.13}$$

$$E_{tr}=\begin{cases} E_{re}, & E_{re}>1\ \mathrm{eV} \\ 1, & E_{re}\leq 1\ \mathrm{eV} \end{cases} \tag{3.14}$$

对于出射电子角度的分布，在本模型中出射电子与表面法向方向的夹角服从余弦分布。

在本节中主要针对的材料为金属 Ag，相应的二次电子发射模型参数取值如表 3.1 所示。

表 3.1　二次电子发射模型参数设置

参数	n_b	X_{cb}	n_s	A	B	δ_m	E_{m0}	r_1	s
取值	1.5	0.9	0.51	4.0	5.8	1.4	300	0.5	1.46
参数	r	χ	ε_2	g	h	γ	μ	Z	p
取值	2	0.89	0.07	50	0.25	0.56	0.70	47	0.002 7

根据二次电子发射的模型，模拟在一定的入射电子条件下，结合不同的表面结构，得到从样品表面最终出射的二次电子总产额。

模拟流程如图 3.6 所示，具体步骤如下。

（1）初始入射电子相关参数的初始化。包括入射电子能量、角度、位置等。在本书的模拟中入射电子能量范围为 20~4 000 eV，入射角度为垂直入射，入射电子均匀地在样品表面照射。

（2）跟踪入射电子轨迹。得到初始电子达到样品表面的能量、入射角度以及空间位置坐标。

（3）二次电子发射过程模拟。计算入射电子与材料作用过程，使用上述的概率模型得到从表面出射的二次电子数量、能量及角度。

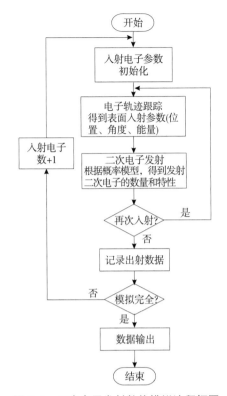

图 3.6　二次电子发射数值模拟流程框图

（4）根据表面发射的二次电子参数判断电子是否能从表面逃逸出去而不发生再入射，如果是则记录出射数据进行下一个电子入射；否则继续跟踪电子轨迹进行再入射模拟。

（5）当单个电子跟踪完成之后，进行下一个电子跟踪，直至所有电子跟踪完毕，最终进行数据存储、输出。

通过测量不同表面微陷阱结构（这里主要为圆柱孔和矩形槽结构）表面的二次电子发射产额，并结合数值理论模拟分析表面结构对二次电子发射产额的影响规律。这里表面所采用的金属 Ag 材料为航天微波部件中常用表面材料。

图 3.7 所示为圆柱孔表面结构二次电子发射产额曲线实验测量与数值模拟的结果。图 3.7（a）所示为入射电子打入圆柱孔内部发射的一系列碰撞过程示意图，从样品底部出射的二次电子一部分直接出射，另一部分则会打到侧壁发生再次入射和再次出射，最终从陷阱口出射或者被样品吸收。

　　图 3.7（b）和图 3.7（c）所示圆柱形陷阱深度、孔直径、孔边缘间距分别为 98 μm、60 μm、60 μm 和 98 μm、100 μm、100 μm。图中的实线表示数值模拟的二次电子产额曲线，而黑色点块则表示实验测量得到的结果。图 3.7（b）和图 3.7（c）中的绿色和蓝色实线分别表示从非陷阱结构区和陷阱结构区出射的二次电子产额，而红色实线表示整体的总二次电子产额。从图中可以看到，总二次电子产额曲线的模拟值与实际测量值符合得较好，这也能对数值模拟和实验相互校验。从整体趋势上看，陷阱区域内二次电子产额明显减小，得到了有效抑制。由于陷阱结构区域占比的限制，使得总二次电子产额减小程度减弱。此外，陷阱结构深宽比更大的结构对陷阱内的电子出射抑制更强。

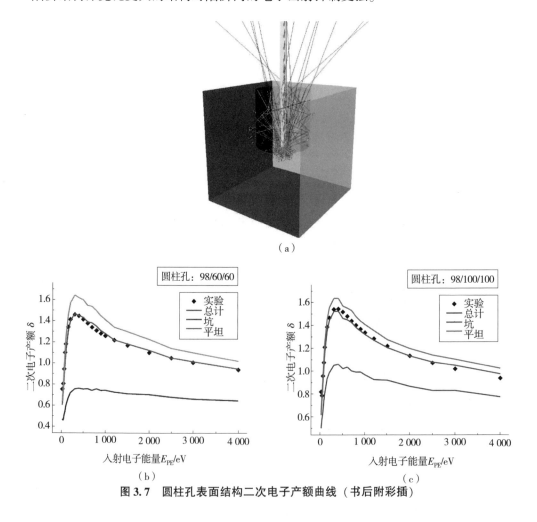

图 3.7　圆柱孔表面结构二次电子产额曲线（书后附彩插）

　　图 3.8 所示为矩形槽陷阱结构对二次电子抑制的实验测试和数值模拟结果。图 3.8（a）所示为槽结构内电子轨迹示意图，陷阱结构内产生的二次电子在多次与侧壁的再入射过程后部分从表面逃逸出来。图 3.8（b）和图 3.8（c）所示为陷阱结构深度、宽度、间距分别为 46 μm、20 μm、40 μm 和 46 μm、100 μm、50 μm 的情况下，二次电子产额曲线实验测量和数值模拟的结果。从图中可以发现，类似于圆柱孔陷阱结构情况，矩形槽结构同样能抑制二次电子发射，但不如圆柱孔强，并且当深宽比减小时，如图 3.8（c）所示深宽比为 46/100 时，对内二次电子的抑制减弱很多，对整体二次电子的抑制效果更加有限。

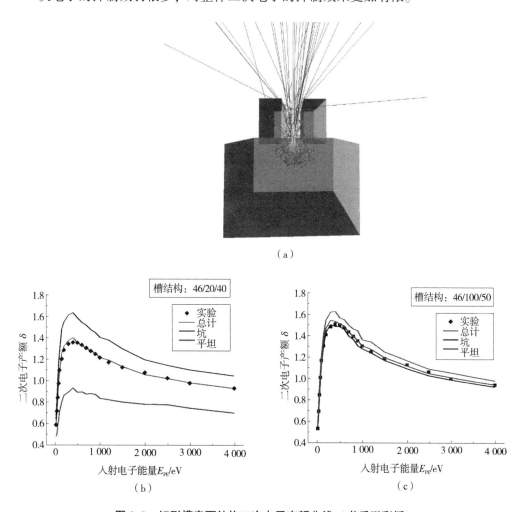

（a）

（b）

（c）

图 3.8　矩形槽表面结构二次电子产额曲线（书后附彩插）

　　考虑到连续尺寸结构样品制备的复杂性，下面采用数值模拟的方法研究不同深宽比陷阱结构对二次电子的抑制特性。

　　图 3.9 所示为不同深宽比下圆柱孔陷阱和矩形槽陷阱结构内二次电子最大产额和二次电子产额曲线第一交叉能量 E_1 的关系。这里 E_1 是二次电子产额曲线中 SEY = 1 时对应的入射电子能量。从图中可以发现，随着深宽比 H/W 的增加，圆柱孔和矩形槽陷阱结构区域的二次电子产额都呈减小趋势，随着深宽比从 1/3 到 2.5/1，圆柱孔内最大二次电子产额从平面结构最大产额的 95.4% 减小到 53.7%，而矩形槽结构表面则从 88% 减小到 34%。说明圆柱孔结构能更有效地抑制二次电子发射，并且对应的第一交叉能量也更大。

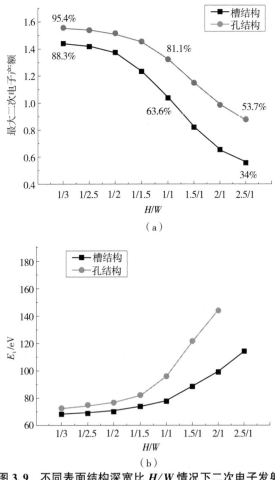

图 3.9　不同表面结构深宽比 H/W 情况下二次电子发射

（a）最大产额；（b）第一交叉能量 E_1

对航天微波部件来说，二次电子产额曲线的最大产额 $\delta_{\max}$ 和第一交叉能量 E_1 直接关系着微放电现象产生的难易程度。可以采用微放电品质因子 F 来衡量材料微放电的难易程度，即

$$F = \sqrt{\frac{E_1}{\delta_{\max}}} \qquad (3.15)$$

图 3.10 所示为两种陷阱类型表面不同陷阱结构深宽比 H/W 金属 Ag 的微放电品质因子 F。为了更贴合实际情况，并突出深宽比的影响，这里设定两种陷阱结构具有相同的陷阱区域占比。从图中可以发现，陷阱结构深宽比的增大会提高材料微放电的品质因子 F。并且通过拟合发现，在陷阱区域占比一定的情况下，微放电品质因子 F 与深宽比 H/W 在一定范围内很好地吻合线性关系，即

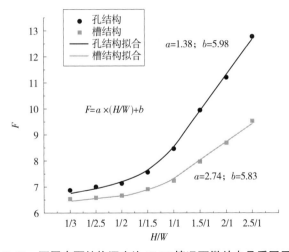

图 3.10　不同表面结构深宽比 H/W 情况下微放电品质因子 F

$$F = a \times \left(\frac{H}{W} \right) + b \qquad (3.16)$$

式中：a、b 分别为两个与槽结构相关的参数，对于圆柱孔结构，$a = 1.38$，$b = 5.98$；而对于矩形槽结构，$a = 2.74$，$b = 5.83$。对比两种陷阱结构发现，圆柱孔陷阱结构对微放电有更好的抑制效果，且随着深宽比提高，品质因子提升得更加显著。

3.1.3　收拢式表面陷阱结构

主流的表面处理办法包括采用三角槽、矩形槽或者随机表面等开口式粗糙结

构在一定程度上对二次电子发射进行抑制，但由于这种抑制主要是利用粗糙结构侧壁对二次电子出射的遮挡作用，其最大的问题来源于这种遮挡结构还可能引起二次电子再入射的级联倍增，使得对二次电子发射的抑制效果都有限。

　　本节根据表面结构对二次电子出射轨迹的抑制机理，进一步提出一种收拢式表面陷阱结构，能对陷阱内二次电子再入射级联倍增进行收拢式强抑制。其中，对二次电子的发射过程采用了复合唯象概率模型进行描述。本节主要采用数值模拟的方法来探讨这种收拢式陷阱结构对二次电子发射的抑制效果。

　　从具有收拢式微陷阱结构（本节以葫芦槽结构为例）表面出射的二次电子，主要包含两个部分：一部分为从表面平整部分直接出射的二次电子；另一部分则为从表面陷阱内出射的二次电子。模拟从葫芦槽表面部分出射的二次电子，需要首先得到直接入射产生的二次电子，然后再跟踪二次电子在葫芦槽内部的轨迹，经过多次二次电子发射之后，最终能从表面出射的为得到的二次电子。在本节的模拟过程中，二次电子的产生采用唯象概率模型进行描述。

　　出于计算方便对二次电子的出射方向约定如下：弹性背散射和非弹性背散射均按照镜面反射定律确定其出射方向；本征二次电子的出射角服从余弦分布、方位角服从均匀分布。图 3.11 给出了利用上述唯象概率计算方法拟合铝合金镀银表面 SEY 随能量变化规律的结果，计算结果与实测结果吻合良好，证明了将唯象概率计算方法应用于葫芦槽表面结构二次电子模拟的可行性。

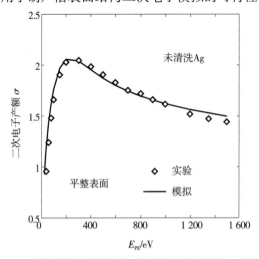

图 3.11　Ag 二次电子发射系数与入射能量曲线实验值与模拟值的对比

考虑到入射电子会在微表面结构内部产生多代二次电子，这种多代二次电子在一定程度上会增加二次电子产额。因此，本节采用有助于内部二次电子"收拢"效果的葫芦槽结构来抑制槽结构部分的二次电子产生。图 3.12 中的收拢式葫芦槽结构包括两部分：第一部分为上部的矩形结构，矩形的半宽为 R，高为 H；另一部分为下部的椭圆结构，其水平方向半轴长为 a（这里，要求水平半轴长大于矩形的半宽，即 $a \geqslant R$），竖直方向的半轴长为 b。本节研究的表面微型槽结构在微米量级，在本书研究的入射电子能量范围内，不会产生由于二次电子穿透表面结构的情况。

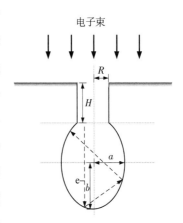

图 3.12 葫芦槽表面剖面结构示意图

由于表面为微型葫芦槽阵列，为了减小二次电子在平整表面的出射，葫芦槽结构在表面均为紧密排列。因此，从表面出射的总二次电子产额 δ_T 可以通过采用空隙率 $P = R/a$ 的加权来求得，即

$$\delta_T = P\delta_{calabash} + (1-P)\delta_{flat} \tag{3.17}$$

式中：δ_{flat} 为平整表面部分出射的二次电子产额，可以直接通过上述的二次电子唯象概率模型求得；$\delta_{calabash}$ 为葫芦槽结构表面出射的二次电子产额，需要通过模拟槽结构内部的多代二次电子发生过程来求得。

结果及分析如下。

本节模拟的表面结构是构建在无清洗的金属 Ag 样品表面，与图 3.11 中 Ag 的状态相同。这里，Ag 的功函数为 4.26 eV。为了最大程度地抑制二次电子产额，本书的模型中表面的葫芦槽结构均为紧密排列。模拟和分析了该表面结构下二次电子出射特性以及表面结构参数对二次电子和微放电特征参数的影响。

1. 二次电子出射特性

图 3.13 所示为电子垂直入射到带葫芦槽结构表面不同处的二次电子的产额曲线。这里，葫芦槽结构矩形半宽 $R = 30~\mu m$，矩形高度 $H = 4~\mu m$，椭圆水平半轴长 $a = 40~\mu m$，竖直半轴长 $b = 60~\mu m$。该表面结构下空隙率 $P = 0.75$。

从图 3.13 （b） 和图 3.13 （c） 可以发现，真二次电子和背散射二次电子在葫芦槽结构表面处的 SEY 曲线都出现了整体减小：对应的 TSEY （True Secondary Electron Yield） 和 BSEY （Back Secondary Electron Yield） 峰值分别从 1.5 和 0.54 左右下降到 1.1 和 0.42 左右。从而使得总二次电子产额曲线 （图 3.13 （a）） 相应地出现了整体减小，葫芦槽表面和整个表面的产额峰值分别减小了 25.5% 和 18.6%。

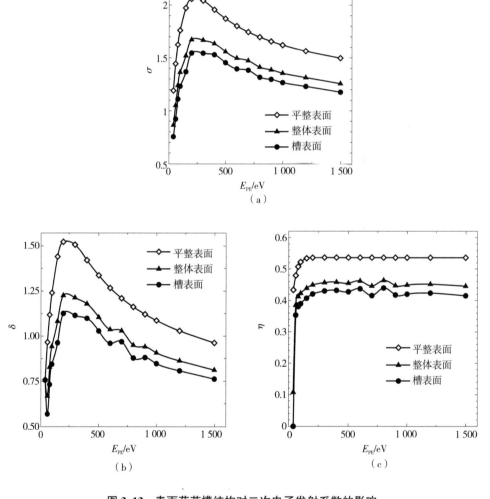

图 3.13 表面葫芦槽结构对二次电子发射系数的影响

（a） 总二次电子系数；（b） 真二次电子系数；（c） 背散射二次电子系数

2. 对二次电子能谱及角度的影响

二次电子从葫芦槽结构表面出射，由于可能发生了多次再入射和再出射，最终从表面出射的二次电子能谱同样可能发生一定的变化。图 3.14 所示为葫芦槽结构表面出射的二次电子能谱曲线与平整表面出射的情况对比，这里葫芦槽结构矩形半宽 $R=15~\mu m$，矩形高度 $H=2~\mu m$，椭圆水平半轴长 $a=20~\mu m$，竖直半轴长 $b=50~\mu m$。可以发现，葫芦槽结构表面使得二次电子能谱有一定量地向峰值区域集中，整体能谱呈现出变窄的趋势。这主要是由陷阱内的多次入射降低了平均入射能量，从而使得产生的多代二次电子能谱宽收窄。

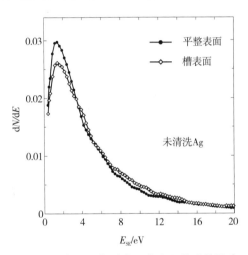

图 3.14　表面结构对真二次电子能谱的影响

图 3.15 所示为不同槽位置处出射的二次电子产额（图 3.15（a））和不同入射角度下槽结构处出射的二次电子产额曲线（图 3.15（b））。其中图 3.15（a）所示为位置归一化的曲线，从图中可以发现产额曲线基本沿中心对称，在中心两侧处对二次电子的"收拢"抑制效果最好。从图 3.15（b）中可以发现，二次电子产额曲线随着入射角的增大会有一定程度的增大，同时产额峰值对应的入射能量呈现轻微向右侧移动的趋势。

3. 表面结构参数的影响

不同的葫芦槽结构表面对二次电子发射的抑制效果同样也会不同，结构参数的不同可能改变材料表面的空隙率或者影响槽结构对二次电子的"收拢"抑制效果。

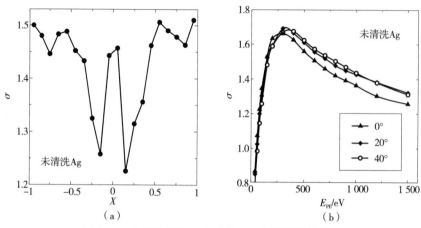

图 3.15　入射位置和角度对总二次电子发射的影响

（a）不同槽位置处；（b）不同入射电子角度

　　图 3.16 所示为不同葫芦槽矩形宽度 R 的情况下，金属 Ag（未清洗）表面出射二次电子产额。这里，矩形半宽度 R 的取值范围为 $1 \sim 19\ \mu m$，矩形高度 $H = 2\ \mu m$，椭圆水平和竖直半轴长分别为 $20\ \mu m$ 和 $30\ \mu m$。此时为垂直入射，电子能量为 $800\ eV$。

　　从图 3.16（a）中可以发现，虽然随着矩形半宽度 R 的增加，槽结构表面出射的二次电子产额在逐渐增加；但整体表面出射的二次电子产额却呈现先减小后增加的趋势，并最终与槽结构表面的产额一致。这是因为，一方面矩形半宽度的增加会直接减弱槽结构对二次电子的抑制效果，如图 3.16（a）中三角线所示，产额随着 R 的增加明显增大；另一方面，矩形半宽 R 的增大同时还增大了表面的孔隙率 P，从而减小入射电子进入到陷阱结构内的数量比例，使整体的二次电子产额呈现先减小后增大的趋势，最终接近于槽表面出射的产额。图 3.16（b）所示为 3 条整体产额曲线（包括总二次电子产额 σ、真二次电子产额 δ、背散射二次电子产额 η）在不同矩形半宽 R 时的对比。可以发现，矩形半宽的增大使得背散射二次电子产额轻微减小，主要体现为对真二次电子产额的影响。

　　在葫芦槽表面结构中，下部的椭圆结构主要起到对多代二次电子的收拢效果，因此，椭圆结构参数一定程度上影响着二次电子的抑制效果。在图 3.17（a）中，材料为 Ag，竖直半轴长 $b = 2 \sim 70\ \mu m$，椭圆水平半轴长 $a = 20\ \mu m$，矩形半宽度 $R = 10\ \mu m$，矩形高度 $H = 2\ \mu m$，垂直入射电子能量 $E_{PE} = 300\ eV$。

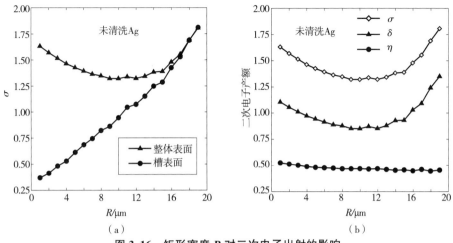

图 3.16　矩形宽度 *R* 对二次电子出射的影响

（a）总二次电子；（b）出射二次电子产额对比

从图 3.17（a）中可以发现，随着垂直半轴长的增加，总的二次电子产额均出现减小，并且大致可以分为两段。第一段，在垂直半轴长 *b* 逐渐增大到水平半轴长 *a* = 20 μm 的过程中，总二次电子产额呈现快速下降阶段；第二段，当垂直半轴长 *b* 大于水平半轴长继续增长时，总二次电子产额的减小就不再显著，这说明当椭圆结构中 *b* < *a* 时，对二次电子束缚效果显著；而当 *b* > *a* 时，深度的增加对陷阱内的二次电子的收拢束缚效果减弱，从而对二次电子发射的抑制效果增强变慢，此时，垂直方向对椭圆的继续拉长对二次电子的"收拢"抑制效果将变得不再明显。

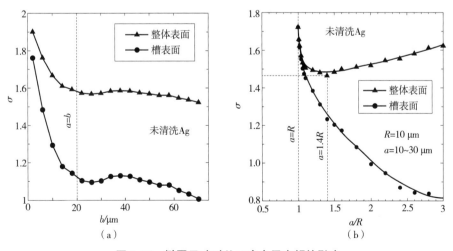

图 3.17　椭圆尺寸对总二次电子产额的影响

（a）椭圆垂直半轴长；（b）椭圆水平半轴长

图 3.17（b）中材料为 Ag，椭圆水平半轴长 $a = 10 \sim 30$ μm，竖直半轴长 $b = 30$ μm，矩形半宽度 $R = 10$ μm，矩形高度 $H = 10$ μm，入射电子能量 $E_{PE} = 300$ eV，为垂直入射。虽然随着椭圆水平半轴长 a 的增大，槽结构表面出射的二次电子产额（图中黑线）在持续减小，但整体出射的二次电子产额却呈现先减后增的变化趋势。这是因为，一方面，水平半轴长的增大使得槽结构内部对二次电子的收拢抑制效果加强；另一方面，水平半轴长的增大还会增大平整表面的比例，减小孔隙率，反过来减弱整体表面的抑制效果。值得注意的是，当水平半轴长接近于矩形半宽时（$a \approx R$）时，这种表面结构变化类似于矩形表面结构（考虑到实际矩形槽结构底部无法做到绝对的平整），而此时对二次电子的抑制效果并不是最好，而是当 $a/R \approx 1.4$ 时，抑制效果最好。因此，也可以进一步说明葫芦槽结构表面比矩形槽结构表面对二次电子发射有更好的抑制效果，这里比孔隙率趋近于 1 的理想矩形槽结构抑制效果还提高 14.5%。而与相同深宽比和孔隙率的矩形槽结构相比，葫芦槽结构对 SEY 的抑制效果能提高 21.2%。

葫芦槽结构中椭圆部分对陷阱内电子起到收拢效果，而矩形部分的高度则影响陷阱内电子逃逸出来的难度。

图 3.18 中金属 Ag 槽的结构参数为：椭圆水平半轴长 $a = 14$ μm，竖直半轴长 $b = 30$ μm，矩形半宽度 $R = 10$ μm，入射电子仍然为垂直入射。

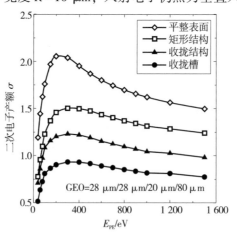

图 3.18　葫芦槽结构与矩形槽结构（相同深宽比和孔隙率）

对二次电子发射抑制的对比

图 3.19（a）中的第一临界能量 E_1 是二次电子产额为 1 时对应的第一个入射能量值 $E_1 = E|_{\sigma=1,\mathrm{first}}$。从图中可以发现，随着矩形高度 H 的增大，第一临界能量 E_1 也相应增大，这意味着二次电子产额曲线也相应地向右侧偏移。同时，最大二次电子产额值 $\mathrm{SEY}_{\max}$ 随着矩形高度 H 的增大而减小。这是由于矩形高度的增大拉长了槽结构内二次电子的逃逸路程，抑制了二次电子的发射。

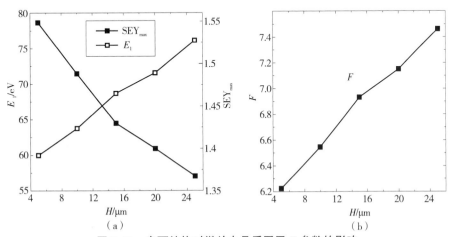

图 3.19　表面结构对微放电品质因子 F 参数的影响

（a）E_1 和 $\mathrm{SEY}_{\max}$；（b）微放电品质因子 F

考虑到二次电子发射特性直接影响微放电阈值，比如：二次电子发射系数 σ 的值越大，微波器件的微放电阈值通常就越低；而二次电子发射系数曲线的第一临界能量 E_1 越大，则阈值通常就越高。材料二次电子发射特性定义的微放电阈值的品质因子 F 为

$$F = \left(\frac{E_1}{\sigma_{\max}} \right)^{1/2} \tag{3.18}$$

从图 3.19（b）中可以发现，矩形高度 H 的增大会明显提高微放电的品质因子 F，大体呈现一种近线性的对应关系，即

$$F \propto H \tag{3.19}$$

这里，品质因子 F 的增大意味着微波部件微放电阈值的提高。此外，通过对比同样深宽比和孔隙率的矩形槽结构，葫芦槽表面结构下的微放电品质因子 F 提高 24.97%。因此，要获得更好的微放电抑制效果，需要在允许的条件下设计品质因子 F 值更高的材料表面结构。并且，随着表面加工工艺的微型化，

本节所提出的收拢结构可以通过微纳压印拼接、3D 打印等表面微纳工艺进行加工。

本节通过在硅基片表面刻蚀陷阱结构，并进行金属溅射得到具有表面微陷阱结构的金属样品，采用平台测试其二次电子发射特性，结合微陷阱结构表面二次电子发射模型，分析微陷阱结构对二次电子发射的抑制规律及对微放电品质因子的影响规律，得到以下主要结论。

（1）陷阱结构内产生的二次电子会与侧壁发射级联再入射和再发射现象，一定程度上对二次电子产生遮挡效应，最终减小从陷阱表面逃逸出来的二次电子。

（2）圆柱孔和矩形槽微陷阱结构在 20~4 000 eV 入射电子能量段都能有效降低二次电子产额，但是由于陷阱区域的占比限制了整体二次电子产额的抑制程度。

（3）陷阱结构的深宽比增大，会使陷阱结构内的最大二次电子产额显著减小，而明显提升产额曲线的第一交叉能量。并且，圆柱孔结构的陷阱对二次电子的抑制效果较矩形槽更好。

（4）表面的微陷阱结构能有效提升材料的微放电品质因子，且随着陷阱深宽比的增大呈线性比例地增大。在相同陷阱区域占比下，圆柱孔比矩形槽结构能更好地提高材料的微放电品质因子。

（5）本节提出一种收拢式葫芦槽微陷阱表面来抑制二次电子发射，通过内部的椭圆结构对槽结构内产生的多代二次电子进行"收拢"。本书的研究结果表明，表面葫芦槽结构使得二次电子产额在各个入射能量段整体性降低，并且对真二次电子的抑制效果更好。槽结构表面出射的二次电子能谱呈现收窄的趋势。葫芦槽结构参数中，矩形半宽度的增大使整体表面二次电子产额先减后增。当椭圆结构部分的竖直半轴长大于水平半轴长时，对其的增长不再显著减小二次电子产额。水平半轴长取最优抑制值时的二次电子产额比相同深宽比和孔隙率尺寸下矩形槽表面减小 21.2%，同时对应的微放电品质因子提高 24.97%。此外，葫芦槽结构中矩形部分高度的增加能阻碍二次电子的逃逸，并且能近线性地提高微放电的品质因子。

3.1.4　二维嵌套式陷阱结构抑制二次电子发射

恰当的表面结构可以抑制二次电子发射，进而削弱航天器微波器件中的微放电。然而，传统表面结构中的电子再入射倍增效应会降低对二次电子发射的抑制。本节提出了一种新型的两级嵌套微陷阱结构表面，能够有效抑制陷阱结构内部二次电子的产生，从而更好地抑制表面总二次电子发射。本节采用光刻、剥离、干刻蚀和银溅射等方法获得了两级嵌套式微陷阱阵列结构，对两种不同尺寸的嵌套结构进行了实验研究。实验结果表明，与传统的单孔陷阱结构相比，这两种结构的抑制效果分别提高了100%和144%。银溅射形成的粗糙嵌套陷阱底部表面的二次电子产额高于通过 Monte Carlo 模拟的理想规则结构表面二次电子产额。此外，较大的嵌套陷阱深宽比可以更有效地抑制陷阱中的电子多代倍增，进一步提高对二次电子的抑制效果。对于阻抗变压器，提出的两种尺寸嵌套结构面可使其倍增功率阈值分别提高346%和386%。这种嵌套式微陷阱结构的方法可以获得较好的二次电子发射抑制效果，有助于进一步提高空间微波元件的微放电阈值。

目前，主要研究内容包括各种有效抑制二次电子倍增效应的表面处理技术，如反电子倍增涂层、化学腐蚀、凹槽结构及永磁体。然而，对于传统的凹槽陷阱结构，由于凹槽内再入射电子的发射所造成的多级倍增效应，传统的单槽陷阱结构对二次电子发射的抑制作用受到很大限制。

因此，为了解决陷阱结构中电子倍增对抑制二次电子发射的限制，本节设计了一种嵌套式微陷阱结构表面。实验表明，这种设计可以有效抑制电子从陷阱结构的溢出和陷阱内部的多级倍增效应。本书采用的技术方案如下。

为了实现更规范的双级嵌套表面微陷阱结构，本书设计采用了光刻、剥离、干刻蚀和溅射等技术。首先，采用光刻剥离的方法将大尺寸的陷阱结构复制到基底表面，而不刻蚀剥离样品，将小尺寸的陷阱结构光刻复制到剥离样品上。其次，采用铝作为掩膜来清除胶。小尺寸陷阱的刻蚀深度比大尺寸陷阱的刻蚀深度深。将较大的陷阱蚀刻在较小的陷阱表面上，形成具有双级嵌套微陷阱阵列结构的硅表面。最后，为了测量二次电子发射，在硅嵌套结构表面溅射一层金属银膜，得到硅镀银的双级嵌套微陷阱阵列结构表面，如图 3.20 所示。

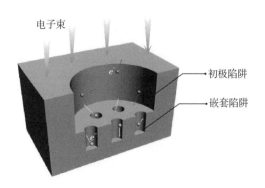

图 3.20　嵌套陷阱结构抑制二次电子发射原理

通过二次嵌套孔洞结构进一步加强表面二次电子的约束，从而达到更好的二次电子发射抑制效果，有助于进一步提高空间微波元件微放电的功率阈值。

考虑表面陷阱结构粗糙度对二次电子发射的影响，选择硅作为基底材料，在表面制备了双级嵌套式微陷阱阵列结构。由于成熟的光刻技术，这种做法可以减少嵌套式微陷阱结构的偏差。总体技术方案如图 3.21 所示。制备双级嵌套微陷阱阵列结构过程中与光刻相关的名词如下。

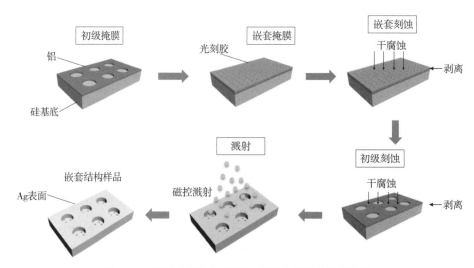

图 3.21　采用光刻构造表面二维嵌套陷阱结构示意图

（1）样本清洗。由于双级嵌套式微阵列结构制造规模小、精度要求高，在加工前要求硅片具有高度清洁度。

（2）胶水黏合。清洗完以上样品后，先在硅片表面涂上一层黏合剂（增强光刻胶与基底之间的附着力），再涂上一层一定厚度的光刻胶，使其对特定频率的紫外光敏感。

（3）烘焙前。烘烤前的主要目的是除去橡胶中的水分，提高光刻胶对硅基板的附着力和薄膜的耐划伤性，避免模板和掩膜之间的附着，从而提高双级嵌套结构成品率。

（4）光刻和显影。实验使用的曝光机（ABM，ABM Inc，USA）为接触曝光。

（5）干燥后垂直覆膜。主要目的是显影、清除残留的去离子水和溶剂，以改善光刻图形因短暂浸没溶剂和去离子水而引起的边缘软化和膨胀，从而使薄膜图形的边缘致密而牢固。

（6）溅射。由于介电材料在电子轰击下很可能带电，所以二次电子发射系数的测量往往不准确。因此，在硅基双级嵌套陷阱结构表面溅射一层金属银膜，可在硅表面形成侧壁更陡、平面更光滑的嵌套微陷阱结构。在本实验中，采用磁控管溅射的方法在硅衬底表面溅射 Ag，并将其作为主陷阱和嵌套陷阱，使电离的 Ar^+ 撞击 Ag 靶，使溅射的 Ag 原子沉积在硅嵌套陷阱表面。在此过程中，溅射时间是控制银膜表面镀层厚度的重要因素。在本实验中，Ag 薄膜的厚度约为 100 nm，远小于嵌套陷阱的结构尺寸 8～10 μm。

从图 3.22 可以看出，由于陷阱侧壁的屏蔽效应和反射效应，使得嵌套陷阱底面平坦度明显低于主陷阱底面平坦度。

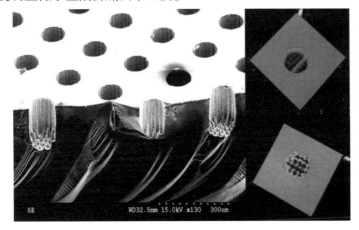

图 3.22　双级嵌套阵列结构及三维形貌的 SEM 分析结果

入射电子的散射范围由入射电子能量和物质密度决定，最大散射深度基本满足经验公式，即

$$d_{range} = 70 \times \frac{\left(\dfrac{E_{PE}}{1\,000}\right)^{1.66}}{\rho_M} \qquad (3.20)$$

对于 Ag，当入射电子能量达到 4 keV 时，最大散射深度仍然只有 66.6 nm，小于表面溅射 Ag 的厚度 100 nm。因此，基底材料硅对二次电子发射的影响可以忽略。

为了更有效地抑制微波器件中的微放电，这种双级嵌套陷阱阵列表面结构只需置于微放电敏感区，也就是电场的最强区。材料是硅基溅射银。单孔陷阱（圆形）和两级嵌套陷阱的直径为 100 μm，深度为 80 μm。Nest1 和 Nest2 的嵌套陷阱深度均为 40 μm，Nest1 的嵌套陷阱孔径为 10 μm，Nest2 的嵌套陷阱孔径为 8 μm。

在本书的研究中，用我们的真空测量系统测试了二次电子产额，实验测量结果如图 3.23（a）所示，可以发现平面的最大二次电子产额为 $SEY_{max} = 2.25$，而相比之下单孔陷阱（圆）结构可以减少到 $SEY_{max} = 1.84$（相应的抑制率是 18.22%）。对于深度和宽度相同的两级嵌套陷阱（Nest1 和 Nest2），其对应的 SEY_{max} 分别降至 1.43 和 1.25（对应的抑制率分别为 36.44% 和 44.44%）。与传统的单孔陷阱结构相比，抑制效果分别提高了 100% 和 144%。此外，通过比较不同二级结构的嵌套陷阱，可以发现深宽比越大的嵌套陷阱，越能够有效地抑制陷阱中多代倍增的电子，从而进一步提高二次电子的抑制效应。

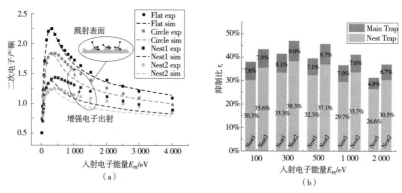

图 3.23　本书真空测量系统测试二次电子产额及其实验测量结果（书后附彩插）

（a）不同结构表面的二次电子产额（包括实验结果和仿真结果）；（b）主陷阱结构和嵌套陷阱结构的抑制比

采用 Monte Carlo 模拟方法计算了微陷阱内部的二次电子碰撞轨迹和表面外

的发射产额。基于理想结构的嵌套陷阱表面二次电子产额模拟结果如图 3.23 (a) 所示，与实验结果基本一致。考虑到银溅射时陷阱侧壁的遮挡效应和反射效应，嵌套陷阱底部的实际平整度不如平面底部的平整度。嵌套陷阱底部的粗糙微结构促进了二次电子发射，随着入射能量的增加，电子的发射量降低，因为电子可以穿透得更深。因此，Nest1 和 Nest2 表面在中间能量范围内二次电子产额的模拟结果小于实验结果，如图 3.23 (a) 所示。此外，从图 3.23 (b) 可以看出，对比二次电子发射抑制量，主陷阱的抑制比 r_s 小于嵌套陷阱结构的抑制比。

　　考虑到嵌套陷阱表面对二次电子产额的抑制作用，本节还研究了嵌套式陷阱面在空间微波组件中应用时对微放电的影响。当电子的通过时间为微波半周期的奇数倍时，往往会出现倍增现象。因此，如图 3.24 所示，对阻抗变压器的倍增敏感区（微放电多发生的区域）内表面的嵌套陷阱阵列进行了处理。重点研究了在不同功率的微波电场作用下，这个倍增敏感区的电子倍增问题。该阻抗变压器元件的工作频率为 11.65 GHz。在将这种嵌套陷阱结构应用于空间微波组件以提高功率阈值之前，需要对抑制效果进行数值模拟分析。这里通过 Spark 3D 模拟了微放电，并将阻抗变压器分量的电磁场设置为稳定的微波电磁场。

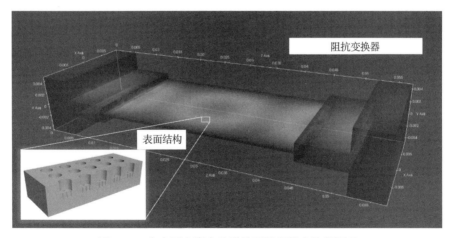

图 3.24　内表面有嵌套陷阱阵列的阻抗变换器原理

　　图 3.25 显示了具有平坦内表面的阻抗变压器内部的电子演化。这里阻抗变压器的工作功率设定为 3 000 W。在每个半周期内，发射的二次电子在微波电场的作用下加速，阻抗变压器壁级联间电子数量的增长表现为时间点 0.1 ns、

0.8 ns、2.0 ns 和 8.0 ns。由于发射二次电子能保持倍增趋势，且最终电子数趋于无穷，因此认为相应的工作功率满足倍增条件。显然，在图 3.25 所示情况下，当工作功率为 3 000 W 时，阻抗变压器平坦的内表面满足倍增条件。

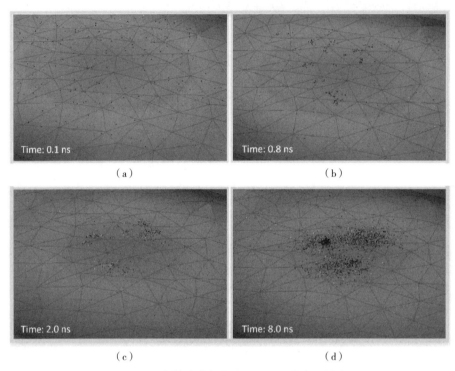

图 3.25 在微波功率为 3 000 W 下的电子演变

为了得到微波器件中微放电的工作功率阈值，需要用近似方法模拟不同工作功率情况下的电子演化。工作功率是否满足倍增条件的临界值为功率阈值。因此，功率阈值就是诱发微放电的最低功率。虽然随着射频功率的增加，共振电子能量增加，但由于倍增效应的作用，在下一步会产生更多的二次电子。然而，射频功率的进一步增加可能会导致共振电子能量超过 SEY 曲线的峰值能量，二次电子发射则反过来降低，从而抑制微放电。

图 3.26 所示为具有 4 种不同内表面结构的阻抗变换器在上述情况下的电子演化曲线和功率阈值。通过模拟电子在不同微波功率作用下的微放电，采用二分法得到微放电的临界微波功率阈值，nest1 和 nest2 表面结构的倍增功率阈值（图 3.26（c）和图 3.26（d）），比平面结构的倍增功率阈值（图 3.26（a））

大。尽管传统单孔的倍增功率阈值能够从 2 172 W 平面情况增加到 3 281 W（提升 51%），Nest1 和 Nest2 的倍增功率阈值可以达到高达 9 687 W 和 10 562 W（提升 346% 和 386%）。这意味着与传统的单孔结构相比，所提出的嵌套陷阱结构可以更有效地提高微波器件的微放电功率阈值。

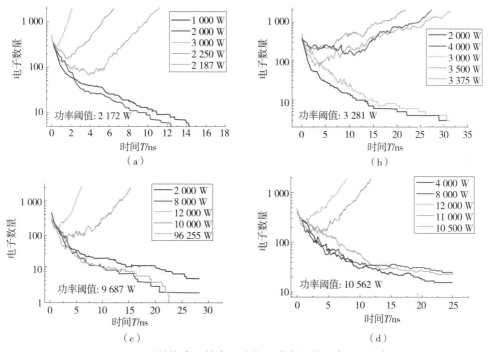

图 3.26　不同结构表面的电子演化和功率阈值（书后附彩插）
（a）平整表面；（b）圆柱形孔；（c）嵌套孔 1；（d）嵌套孔 2

　　相比嵌套的陷阱结构对二次电子产额和功率阈值的影响，两种嵌套陷阱结构的抑制率目前仅为 36.44% 和 44.44%，而倍增功率阈值可以达到原始情况的 4.46 倍和 4.86 倍（约 13.0 dB 和 13.7 dB）。这表明，倍增功率阈值对二次电子产额非常敏感。由于从一侧壁发射的所有二次电子是另一侧壁上下一次发射的首要条件，因此倍增功率阈值可能表现为二次电子产额的指数函数。

　　本节提出了一种新型的嵌套陷阱结构面来抑制二次电子发射和提高倍增功率阈值。通过硅基材料的双标记光刻工艺，制备了表面嵌套微陷阱结构阵列的样品。采用样品电流法测量了二次电子产额，并对微波电场作用下的微放电过程进行了数值模拟。根据本书的研究结果，可以得出以下结论：①由于对微陷阱内部级联碰撞的抑制更有效，所提出的嵌套陷阱结构表面的二次电子产额比传统的单孔陷阱表面低（在本研究中，抑制效果分别提高了100%和144%）；②对于嵌套微陷阱表面nest1和nest2，次级陷阱表面越小，二次电子产额越低；③提出的nest1和nest2可以将倍增功率阈值从原来的2 172 W提高到9 687 W和10 562 W，比传统的单孔陷阱高出346%和386%。这种嵌套式微陷阱结构能显著提高微波器件的功率容限，对提高空间有效载荷的性能具有重要意义。

3.1.5　抑制二次电子的表面构型技术工艺

相对于表面构型技术增强SEY而言，近年来在表面构型技术抑制SEY研究领域取得了更为显著的进步，特别是星载大功率微波部件微放电效应、粒子加速器电子云效应等领域的实际需求推动了这一领域的发展。在工程实践中，由于不同的应用领域有不同的约束条件，所以能够采用的表面构型及其实现工艺也会受到一定的约束。依据具体工艺过程中，材料是被去除还是被添加，可以将表面构型技术分为减法工艺和加法工艺两大类。

1. 减法工艺

1）湿法化学腐蚀

湿法化学腐蚀即配制合适的腐蚀液对材料进行腐蚀，从而实现一定的表面构型。这类技术通常适用于金属材料表面制备微纳米尺度的表面构型。具体而言，又可以细分为两类：一类是无掩膜化学腐蚀；另一类是有掩膜化学腐蚀。后者的典型案例是半导体领域常用的光刻工艺，通过图形化的掩膜来保护不希望被刻蚀的区域，从而实现特定区域的腐蚀。目前湿法腐蚀能够实现多种金属材料和部分无机介质材料的腐蚀。

使用湿法腐蚀对镀银铝合金表面进行刻蚀的技术可应用于抑制SEY。研究表明，随机腐蚀能够将原始镀银表面的SEY从2.17降低至1.21。通过湿法刻蚀进行镀银表面粗糙化后再镀金膜可抑制SEY，并可将该工艺应用于Ku频段的阻抗变换器中，使部件表面SEY从2.20降低至1.40，微放电功率从700 W提高至6 500 W以上。

湿法腐蚀的优点在于工艺较易实现，通过控制刻蚀液成分、温度、搅拌情况及刻蚀时间等参量，可以获得不同表面形貌的样品。从微观上来看，化学腐蚀反应优先在晶粒边界上进行，所以腐蚀形貌与镀层自身的晶体结构有较大关系（图 3.27）。相比于下面介绍的干法刻蚀而言，湿法腐蚀的一个劣势在于化学反应通常是各向同性的，因此难以通过此法获得高深宽比的结构。

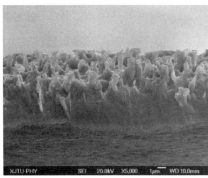

图 3.27　湿法腐蚀工艺获得的微孔表面结构（左：俯视；右：侧视）

2）干法刻蚀

干法刻蚀的基本原理是通过等离子体形成一定能量的粒子轰击待刻蚀材料，从而达到去除材料的目的。依据去除材料时涉及的物理、化学过程，干法刻蚀可以划分为 3 类，即物理干法刻蚀（依靠粒子动能轰击去除材料）、化学干法刻蚀（依靠化学反应生成气态反应物去除材料）、物理/化学干法刻蚀（同时依靠物理和化学效应去除材料）。相对于湿法刻蚀，干法刻蚀的显著优势在于横向腐蚀效应比湿法刻蚀要小得多，因而容易形成高深宽比结构；但是干法刻蚀设备比较复杂、成本比较高、适用的材料类型比较受限，如图 3.28、图 3.29 所示。

图 3.28　干法刻蚀工艺制备的孔/柱阵列结构

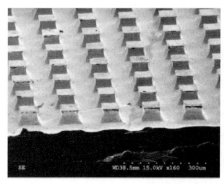

图 3.28 干法刻蚀工艺制备的孔/柱阵列结构（续）

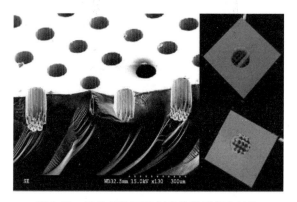

图 3.29 干法刻蚀工艺制备的微纳复合结构

采用的光刻掩蔽层材料包括光刻胶和铝膜，以 SF_6 为刻蚀气体，以 C_4F_8 为钝化气体，获得硅基电子陷阱结构后，采用溅射金属获得金属电子陷阱结构表面，结果表明硅基电子陷阱结构溅射 Ag 后，SEY 最大值可从约 2.1 降至约 1.3；硅基底溅射银后再溅射 $10\sim150$ nm 厚的 SiO_2 并测试 SEY，结果表明，表面为 SiO_2 的电子陷阱结构也有 SEY 抑制效果；嵌套结构的 SEY 抑制效果表明，引入嵌套结构后，SEY 最大值从约 1.7 降至约 1.4，表明抑制效率得到了进一步改善。

3）激光刻蚀

相比于其他低 SEY 表面构型技术，使用激光刻蚀技术在材料表面制备微纳结构是较为容易实现的表面处理方法，且激光刻蚀具有环境要求低、所制备微结构稳定等优点。目前，激光刻蚀技术已经成功应用于金属材料和介质材料的表面构型研究，并且展现出其在 SEY 抑制领域的应用潜力。

　　经激光处理后铜、铝、不锈钢的 SEY 大幅降低，这 3 种材料的 SEY 分别由原始表面的 1.90、2.55、2.25 降至 1.25、1.34、1.22，证明了激光刻蚀技术能够用于制备低 SEY 表面。激光刻蚀后表面形成了微纳复合结构——微米尺度的槽和槽壁上的纳米结构（图 3.30），其中铜球形颗粒的直径约为 5 μm；经工艺参数优化后，SEY 最小约 0.9。尽管激光刻蚀技术已经被证明可应用于 SEY 抑制（图 3.31），但是激光处理表面的其他性能参数是否满足系统应用要求，仍有待进一步深入研究。

├── 30 μm ──┤

图 3.30　激光刻蚀工艺制备的微纳复合结构表面

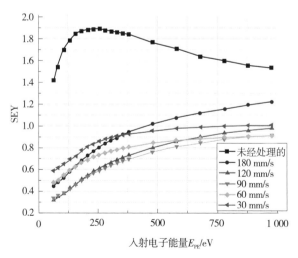

图 3.31　激光刻蚀工艺处理对 SEY 的影响

4）机械加工

当表面构型尺度在毫米量级时，采用传统的机械加工工艺可以实现 SEY 的抑制。这种尺度的表面构型在粒子加速器的电子云效应抑制中获得了应用，如直线加速器领域已经研究了毫米级三角形、锯齿形、矩形槽等结构对 SEY 的影响。采用电火花加工技术，在铝合金表面加工张角为 40°的三角槽，相比于未开槽的情形，SEY 最大值从 3.25 降至 2.35；铜表面开矩形槽（深度为 5 mm、槽宽 1.8 mm、槽间隙为 0.254 mm）后，SEY 可从 1.65 降至 0.65，而且发现倾斜的矩形槽结构 SEY 抑制效果不如垂直矩形槽（图 3.32）。采用钻孔工艺实现了孔阵列结构（图 3.33），钻孔为 0.5 mm 深、1 mm 直径、孔隙率 75%时，铜表面 SEY 约为 1.2。

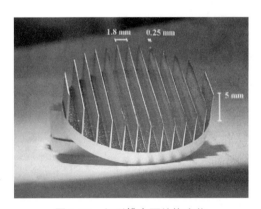

图 3.32　矩形槽表面结构实物　　　　　图 3.33　钻孔工艺形成的孔阵列结构

2. 加法工艺

加法工艺是指通过将外来材料转移至待处理表面而形成表面构型的技术。近年来非常热门的 3D 打印技术即是加法工艺的典型代表。此外，传统工艺中的电镀、物理气相沉积、化学气相沉积、原子层沉积、脉冲激光沉积等也是典型的加法工艺。在加法工艺中，可以在基底表面沉积与基底材料不同的镀层材料，从而综合利用基底材料和镀层材料的性能优势，在性能、成本等多因素间获得最佳折中。

1）3D 打印技术

3D 打印技术是近些年科学研究以及产业化领域的热点方向，该技术的显著优势在于小批量、复杂结构等应用场景。目前，成熟的 3D 打印技术已经涵盖了树脂塑料、陶瓷、金属等多种材料，虽然在实验室研究中，目前的 3D 打印技术能够达到的精度已经可以做到微米尺度甚至更小，但是在目前广泛使用的打印技术中，通常能达到的精度在毫米量级或亚毫米量级。3D 打印制备的金属银柱状阵列结构同样表现出 SEY 抑制特性（图 3.34），所实现的表面构型的尺寸在毫米量级，展现出了较好的 SEY 抑制特性，这对于验证表面构型对 SEY 影响规律的数值模拟方法具有很好的借鉴意义，但是对于这种构型方法的实际应用还有待研究。

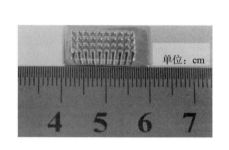 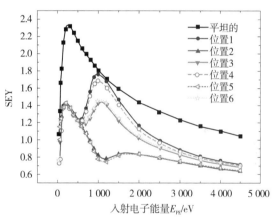

图 3.34　采用 3D 打印工艺制备的银柱阵列结构及其 SEY

2）物理气相沉积

物理气相沉积工艺通常包括真空蒸发（热蒸发、电子束蒸发等）、溅射（直流溅射、射频溅射、磁控溅射等）、离子镀等。这类工艺技术在薄膜制备领域应用广泛，通常是在真空系统中进行，用于制备连续致密的薄膜材料。如果工艺参数控制得当，这类镀膜方法也可以形成特殊的表面构型，从而用于 SEY 抑制。

早在 1930 年，Pfund 就提出了在低气压的惰性气氛中进行热蒸发，能够在衬底表面制备黑化的铋纳米结构。1954 年 Bruining 首次提出可以在金属表面制备类炭黑金属纳米结构以降低 SEY[41]。在铜、铝和 316L 型不锈钢表面制备纳米结构可以降低 SEY，实验结果显示，经表面生长同质纳米结构后，铜、铝、316L 不锈钢的 SEY 分别从原始表面的 1.90、2.55、2.25 降至 1.12、1.45、1.12。低气压蒸发工艺制备的银纳米结构、金纳米结构可成功地将 SEY 抑制到 1 以下（图 3.35）。此外，斜角溅射（Glancing Angle Deposition，GLAD）也可实现特殊的表面构型，如图 3.36 所示，虽然目前尚未见该工艺技术在 SEY 抑制领域的应用，但是笔者认为是值得尝试的研究方向。

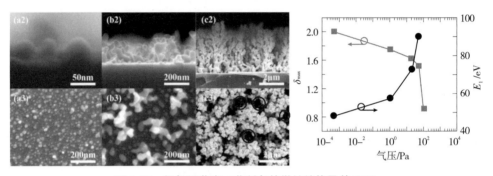

图 3.35　低气压蒸发工艺制备的微纳结构及其 SEY

图 3.36　斜角溅射工艺制备的螺旋柱阵列结构

3）微电铸工艺

为了形成微米尺度的表面构型，微电铸工艺可以视为半导体图形化工艺和电铸工艺的结合，其主要思想是利用图形化的光刻胶作为掩膜，实现表面的局部电镀，然后去除光刻胶后形成金属材料表面微结构。实现的圆柱孔阵列结构表面具有理想的几何结构，既展现了良好的 SEY 抑制功能，更为重要的是，对 SEY 抑制的数值计算进行了实验验证，如图 3.37 所示。

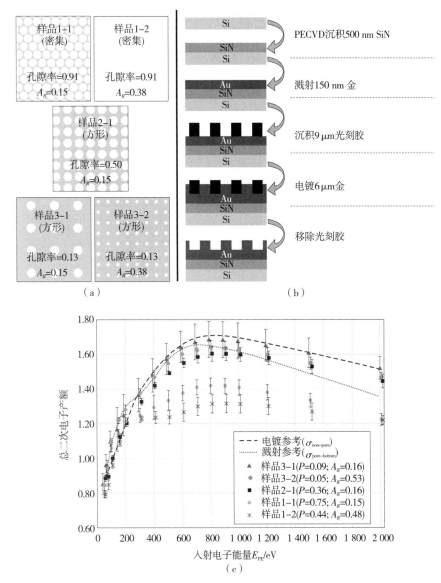

图 3.37　微电铸工艺的流程及其 SEY 抑制效果

通过精密电铸工艺形成表面构型实现了铜电子陷阱结构表面（完成硅衬底的干法刻蚀后，电化学沉积铜），发现较低的电流密度有利于实现较小的粗糙度。实现图形化后，先溅射 50 nm 铬、再溅射 100 nm 铜，然后电镀铜增加铜厚，最后腐蚀硅基底后得到电子陷阱结构铜，实测结果表明 SEY 最大值约为 1.4，如图 3.38 所示。

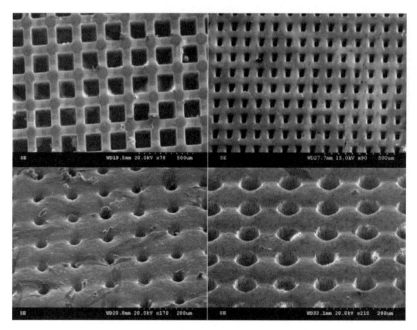

图 3.38　微电铸工艺形成的方孔/圆孔阵列结构

■ 3.2　表面镀膜调控二次电子发射

真空镀膜技术的发展与成熟为采用表面镀膜方式调控材料的二次电子发射特性提供了技术基础；微纳制造、智能制造技术的发展与应用则为采用表面构型方式调控材料的二次电子发射特性提供了更多可能。近年来，二次电子发射调控的研究趋势是：将表面镀膜技术与表面构型技术有机结合，针对纷繁复杂的具体应用场景和需求，从理论、仿真及实验的角度研究满足系统应用要求的调控技术。

正如本书后续章节阐述二次电子不同的应用时所述，依赖于部件或系统的工作场景，人们有时希望二次电子发射系数大些，有时则希望它小些。因此，二次电子发射系数的调控包括抑制和增强两个截然不同的方向。下面主要阐述表面镀膜技术调控二次电子发射系数的基本原理和方法。

3.2.1　表面镀膜技术调控 SEY 的原理

如本书前面所述，二次电子发射的基本过程是初始电子射入材料内部后，不断发生弹性散射与非弹性散射过程，导致材料内部的电子被激发并出射而成为二次电子（称为本征二次电子），或者是入射电子自身经历弹性/非弹性散射后出射（称为背散射电子）。由于不同材料内部的散射过程不同，或者说即便是同一种材料，由于微观结构的差异，也可能导致散射过程引起的 SEY 有差别（这方面的一个典型案例为碳材料：金刚石形态的碳的 SEY 可达 6～18，而石墨形态的碳的 SEY 仅为 0.9～1.6[47]）。因此，对于实际工程表面，可以通过表面镀膜技术调控 SEY（调控机理主要是以下两种情形：膜层自身具有不同于基底的 SEY，或者膜层的引入影响了基底的二次电子发射）。注意，这里所述镀膜是从广义上而言，除了常见的通过物理、化学气相沉积在表面引入一薄层额外的物质外，我们也把通过高温、辐照等方式改变材料化学组成或物质结构的 SEY 调控方式归为此类。

3.2.2　表面镀膜技术抑制 SEY

表面镀膜技术抑制 SEY 需要解决的问题主要有两个：一是寻找具有低 SEY 的镀层材料；二是结合系统性能要求开发合适的镀膜技术。在工程实践中，出于对系统性能的综合考虑，这两个方面均可能需要考虑其他方面的技术指标要求。比如，所选择的镀层材料除了具有低 SEY 特性外，可能还要求其具有低的释气率、高的抗辐照特性等；所开发的镀膜技术除了需要保证镀层的均匀性、结合力等常规技术指标外，可能还要考虑具体处理工件/表面的形状尺寸、是否具有工艺兼容性等问题。尤其是当出现技术指标之间互相矛盾、难以统一兼顾时，就需要慎重地进行折中考虑，甚至开发新工艺、新材料、新装备等。

出于镀膜工艺、膜层对基底性能的改变等各种因素的考虑，通常需要慎重考虑所镀膜层的厚度。一般而言，金属材料的二次电子的逃逸深度在几个纳米的量级（初始电子能量小于 1 keV 时），因此当膜层厚度大于逃逸深度时，对外表现出的 SEY 即为膜层自身的 SEY；反之，如果膜层厚度小于逃逸深度时，对外表现出的 SEY 则可能是表面膜层与基底 SEY 特性的综合效果。对于后者，从理论上可以建模为双层材料结构，目前关于这种双层材料结构的 SEY 与组成该结构的各材料层自身的 SEY 特性之间关系的研究还比较缺乏。下面按照常见的低 SEY 镀层材料进行分类简述。

1. 氮化钛（TiN）薄膜

TiN 薄膜在抑制加速器中电子云效应方面得到了广泛的工程应用，国际上应用 TiN 薄膜降低电子云效应发生风险的研究机构主要包括 SLAC、CERN、KEKB 以及中国科学院高能所等[47]。

SLAC 研究人员在 TiN 薄膜方面的研究[48]，分别以 6063 铝合金、304 不锈钢为基底，以 Ti 靶进行 Ar/N$_2$ 气氛的反应磁控溅射工艺制备 TiN 薄膜，测试结果表明，以铝合金为基底的 TiN 薄膜的 SEY 分布在 1.5~2.5 之间（垂直入射），以不锈钢为基底的 TiN 薄膜的 SEY 分布在 1.7~2.0 之间（入射角度为 23°）；直接以 TiN 靶材进行磁控溅射制备的 TiN 薄膜的 SEY 分布在 1.8~1.9 之间。我国的 BEPC（北京正负电子对撞机）也曾经采用了氮化钛来抑制电子云效应[49]：不锈钢镀氮化钛后，SEY 由 1.8 降为 1.06[50]。不同氮气浓度下磁控溅射氮化钛会改变本征 SEY，并且 TiN 薄膜电阻率之间具有关联性。

2. 石墨/石墨烯

石墨形态的碳是典型的低 SEY 材料，同时具有优良的导电导热性和化学稳定性，其二次电子发射特性得到了广泛研究。2004 年发明的石墨烯引起了全世界的广泛关注，并斩获了 2010 年诺贝尔奖。有关石墨烯的二次电子发射的研究，最初起源于用 SEM 观测石墨烯的实际需要，后来逐渐对其电子输运、SEY 抑制机理开展了系统、深入的研究。

对比研究非晶碳膜[51]（采用高纯石墨靶材，通过直流磁控溅射工艺制备，厚度为 20~100 nm）和石墨烯的 SEY，实验表明石墨烯具有比非晶碳膜更低的 SEY，1~2 层石墨烯的 SEY 最大值可低至 0.5，6~7 层石墨烯的 SEY 约为 0.8。采用 CVD 法在铜衬底表面制备不同厚度的石墨烯的 SEY 研究结果表明，石墨烯厚度增加导致 SEY 单调减小[52]，6~8 层石墨烯的 SEY 达 1.25。铜表面涂敷单层石墨烯具有抑制 SEY 的效果（从 2.1 抑制到 1.5）[53]。从现有研究来看，同许多其他材料类似，石墨烯的 SEY 测量数据仍存在一定的分散性，相关实验研究及其实际应用仍有待深入开展。而且，关于石墨烯抑制 SEY 的机理目前存在不同的解释，有人认为表面石墨烯镀层对功函数的调控是主要因素，但也有人认为石墨烯层自身对电子输运的影响不可忽视。这种理论上的分歧，也是有待继续研究的方向。

3. 钛锆钒（TiZrV）薄膜

TiZrV 薄膜除了具有潜在的电子云效应抑制功能外，还具有改善腔室真空性能的作用。热处理前 TiZrV 薄膜的 SEY 为 2.03，200 ℃热处理 2 h 后 SEY 降至 1.55[49]。不锈钢基底溅射 2 μm 厚 TiZrV 薄膜[48]，其 SEY 可以从激活之前的约 2.0 降至激活之后的约 1.3；铝合金基底溅射 1 μm TiZrV 薄膜，激活后 SEY 可降至约 1.2。类似地，铜表面镀覆 1 μm 厚的 TiZrV 薄膜且在 200 ℃激活后，SEY 降至约 1.1[54]。

4. 其他薄膜

一种金属/介质复合涂层的二次电子发射特性展现出良好的 SEY 抑制性能[55]。磁控溅射铂对镀银表面二次电子发射系数的抑制效果表明，铝合金镀银表面溅射 100 nm 铂后可以实现 SEY 抑制[56]。铝合金表面溅射 PTFE 薄膜后也具有显著的 SEY 抑制效果，并且其 SEY 与介质薄膜的厚度相关[57]。此外，采用电弧离子镀方法制备的 TiN，电镀制备的 Au、Pt、Ni，磁控溅射制备的 Ir（铱）薄膜均展现出 SEY 抑制效果[58]，且与功函数理论预测趋势一致。

3.2.3　表面镀膜技术增强 SEY

对于等离子显示、电子倍增器等应用而言，需要材料具有较大的二次电子发射系数。表面镀膜技术是当前增强 SEY 的主流技术，通过镀覆氧化镁、金刚石等高发射系数材料以及对这些薄膜的掺杂改性等方法，可以获得 SEY 的显著增强效果。下面针对典型的 SEY 增强薄膜材料进行简要介绍。

1. 氧化镁薄膜

氧化镁禁带宽度约为 7 eV，具有良好的二次电子发射性能，是电子倍增器、等离子显示等领域的热门研究材料之一。通过掺金氧化镁的溅射工艺，300 nm 厚的掺金氧化镁薄膜的 SEY 最大值可达 8[59]。通过研究不同晶向的氧化镁单晶在氖离子轰击下的二次电子发射行为[60]，发现<111>方向的氧化镁单晶具有最高的电子发射效率。此外，氧化镁薄膜中掺锌后，由于功函数的改变以及杂质能级的引入，SEY 增加了 1 倍以上[61]。而在氧气氛下进行反应溅射，制备的氧化镁/氧化铝复合薄膜比氧化镁薄膜具有更高的 SEY：前者为 11.6，后者为 4.9[62]。金掺杂对氧化镁二次电子发射的影响研究发现，反应溅射制备的金掺杂氧化镁薄膜[63]，其最大 SEY 达到 11.5 且最优掺杂浓度为 3%。氧化镁薄膜厚度对 SEY 有重要影响[64]，需要控制在合适的厚度范围内方可获得好的电子发射性能，单晶氧化镁的 SEY 可达到 20。

2. 氧化铝薄膜

类似于氧化镁，氧化铝也是研究较多的 SEY 增强薄膜材料之一。实际上，对于铝合金工程表面而言，由于表面 2~3 nm 的自然氧化层，使得其 SEY 远高于纯铝的 SEY，即表明了氧化铝薄膜的 SEY 增强效应。除了氧化铝薄膜外，由于应用广泛，氧化铝陶瓷块材的 SEY 特性也吸引了不少研究者的兴趣[65]。

采用射频溅射氧化铝薄膜（以沉积了 SiO_2 薄膜的玻璃为衬底[66]，采用水冷型平行板溅射系统，溅射速率为 0.2 nm/min，氧化铝薄膜厚度为 7~10 nm）的 SEY，SEY 最大值达到 4.3。氧化铝薄膜的 SEY 与结晶特性和化学计量比相关[64]，因此 SEY 特性显著依赖于制备工艺；可供选择的氧化铝薄膜制备方法有蒸镀纯铝后进行氧化、射频溅射氧化铝、CVD 制备氧化铝等，并且指出氧化铝的 SEY 可以达到 8。

3. 金刚石薄膜

金刚石薄膜的主要制备方法有热丝 CVD 法、火焰沉积法、等离子体增强 CVD 法、直流电弧等离子体喷射 CVD 法等[67]。相比于前述的氧化镁、氧化铝而言[67]，金刚石薄膜的 SEY 可以达到更高水平。利用微波等离子体化学气相沉积工艺，在单晶硅基底表面制备金刚石薄膜，研究了掺硼、取向性、晶粒大小等因素对 SEY 的影响，SEY 最高达到 98，并指出金刚石薄膜掺杂后因为导电性增强可避免带电，进而具有更大的 SEY。掺硼浓度影响了金刚石薄膜二次电子发射特性，最大 SEY 约为 90[68]。MPCVD 生长 B 掺杂金刚石膜的 SEY，所制备的薄膜在空气中置放数周后测得在初始电子能量为 1 keV 时，SEY 为 18.3[69]。

3.2.4 其他技术

1. 电子束清洗

在二次电子的早期研究中，人们并未认识到 SEY 测量时所用电子束束流也可能影响到 SEY 测量结果。后来，借助真空环境下的先进分析手段，人们深刻阐释了电子束辐照对 SEY 的影响机理[54,70-71]。并且，这种效应也被应用在加速器真空系统中——电子云的清洗功能会导致腔壁 SEY 逐渐下降，使得系统性能改善。现有研究结果表明，电子束清洗对 SEY 产生影响的主要原因是表面成分的改变（如电子束引起的解吸附过程去除了表面沾污），且辐照剂量是影响 SEY 变化量的主要参数。以 130 eV 能量的电子束辐照溅射工艺制备的 TiN 薄膜[48]，当辐照剂量达到 6 529 μC/mm² 时，SEY 从约 1.7 降至约 1.0。铜在电子束清洗后，SEY 可从约 2.0 降至约 1.0[54]，这是因为表面氧化物被去除，且表面被石墨化。目前，这种方法主要在粒子加速器领域得到应用。

2. 离子束清洗

离子束清洗是使用高能离子对材料表面进行轰击，以达到表面微粗糙化或清除表面吸附物的目的。氮气离子轰击对氮化钛表面吸附元素和 SEY 的影响规律显示，经氮气离子轰击后样品表面吸附氧和碳的比例大幅降低[72]，SEY 最大值从原始的 1.50 降低至 1.10。使用氩离子对金样品表面进行清洗刻蚀的研究[73]，结果显示使用氩离子刻蚀样品表面后，样品表面粗糙程度变大，且表面的氧和碳沾污物被有效去除，SEY 最大值由原始表面的 2.0 降低至 1.5。铝合金基底镀 TiN 薄膜经离子束清洗（1 720 μC N_2^+）后 SEY 由约 1.5 降至约 1.1[72]，TiCN 薄膜的 SEY 降至 1.29，TiZrV 薄膜降至 1.15。铜在氩离子束清洗后由于去除了表面的自然氧化层、碳氢化合物及沾污层，SEY 降至约 1.4[54]。不同离子清洗条件下会改变金属表面的二次电子发射特性，通过对其影响机理进行分析，发现离子清洗可能带来两方面的效应，即去除表面沾污降低 SEY 或者增加表面粗糙度增大 SEY[74]。

3. 加热处理

加热烘烤通常会导致样品表面的吸附物解吸附，进而降低 SEY。例如，加热导致水分子解析附而引起 SEY 降低[74]。铜在 300 ℃ 加热后，SEY 从约 2.4 降至约 1.8。热处理导致 SEY 降低的另一个典型案例是 NEG 薄膜。尽管如此，也有研究表明加热处理可能增大绝缘材料的 SEY。关于加热烘烤对 SEY 影响规律的研究的另一个角度，是材料 SEY 随温度变化的规律，这对于某些高温应用场景具有实际意义。

4. 合金

对于磁控管等领域而言，阴极研制中的一个主要目标就是增大材料的二次电子发射系数，在这个领域中，通过合金工艺调控材料 SEY 是较为常用的方法。不同掺杂元素对 W 阴极 SEY 影响的实验表明 Re 掺杂效果最好，且不同浓度的 Re 掺杂表明质量分数为 5% 时具有最大 SEY 为 1.8[75]（值得指出的是，书中 SEM 图片显示样品表面为多孔结构且孔径为 1~2 μm，这与下面阐述的表面构型抑制 SEY 中的多孔表面类似，由此可见，W 阴极的 SEY 可能还具有较大的提升空间）。

3.2.5　表面镀膜技术与表面构型技术的结合

已有研究表明，选择低 SEY 的表面镀层材料，并镀覆到具有 SEY 抑制效应的表面构型上，将获得更为显著的 SEY 抑制效果。使用湿法化学刻蚀工艺对镀银表面随机腐蚀，然后在被腐蚀的镀银表面制备银纳米结构的表面处理工艺，该双重工艺同样获得了非常好的 SEY 抑制效果，镀银表面的 SEY 从 2.17 降低至 0.79。类似的方法：首先在铝合金基底形成深度为 1 mm、张角为 40° 的周期性三角槽结构，然后溅射镀覆 130 nm 厚 TiN 薄膜，SEY 测量结果如图 3.39 所示（4 种情形包括平滑铝合金表面、镀覆 TiN 的平滑铝合金表面、三角槽铝合金表面、镀覆 TiN 的三角槽铝合金表面），可以看到，通过采用表面镀膜和表面构型相结合的方式，SEY 从约 3.2 降至约 1.3。

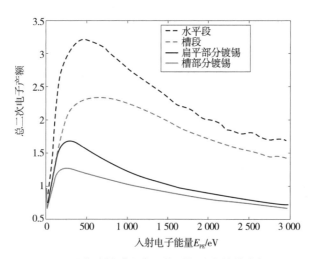

图 3.39　采用表面镀膜和表面构型相结合的技术抑制 SEY

近年来，在实际需求的推动下，通过表面处理实现 SEY 的调控研究已经获得了长足进步。本章分别论述了表面镀膜技术和表面构型技术调控 SEY 的原理和方法。在星载大功率微波部件微放电效应抑制需求的推动下，国内在表面构型抑制 SEY 的理论和工艺技术方面已经取得了可喜的进展。未来，SEY 调控研究的可能方向包括以下两个方面。

（1）理论方面。介质材料的 SEY 表面构型调控效应的数值模拟，由于要考虑带电效应、漏电效应等，其计算过程比金属材料要复杂得多，目前在国内外尚处于起步阶段，未来还需进行深入研究。

（2）工艺技术方面。如何结合系统应用需求，在兼顾 SEY 特性需求的前提下，实现其他方面性能指标的优化，是未来 SEY 调控技术进一步迈向实际应用需要重点研究的问题。

第 4 章
介质材料的带电及二次电子动态发射

■ 4.1　电子照射介质材料带电特性

随着微波器件大功率和集成化要求的提高，介质微波部件及内部的二次电子倍增现象受到更为广泛的关注。然而，不同于导电性较高的金属材料，对于受电子入射的介质材料来说，由于入射和出射电子的不平衡会使内部产生沉积电荷。这种辐照引起的介质带电会改变微波部件的空间电场，同时会对介质微波部件的二次电子倍增现象产生更为复杂的影响。

电介质样品会在电子的入射作用下产生表面带电现象，对于下表面接地的样品，样品的带电会随着入射电子的停止和电荷的持续泄漏而逐渐减弱，进行样品的弛豫泄放过程。对于导电性不高的介质材料而言，由进出电子的不平衡所带来的净电荷并不能很顺畅地从样品中导通出去。因此，内部电荷的泄漏能力成为影响样品带电状态的重要因素。

在以往的实验测量中，研究更多地关注于样品泄放阶段流经样品各电流的变化，而对于样品电位、内部电场以及电荷分布等相关微观物理量却很难直接测量。并且，相关的电子照射介质样品的弛豫泄放特性的数值研究仍然缺乏。

本章采用数值模拟方法，研究了电子辐照电介质样品后的泄放弛豫暂态特性，建立了较为完备的数值物理模型。其中，对入射电子与样品的相互作用考虑了电子与材料弹性和非弹性散射碰撞过程，采用 MC 方法来处理，而对样品内部电荷的泄漏输运过程则采用考虑电荷迁移、扩散、捕获等复杂过程的时域有限差分法（Finite-Difference Time-Domain，FDTD）来处理。模拟了介质样品在辐照后的泄放弛豫过程内部的电荷、电位及电场等微观暂态变化过程。研究了在泄放弛豫过程中介质样品带电各微观量分布及其受包括样品厚度、电子迁移率以及缺陷捕获密度在内的材料样品参数的影响。本数值研究的方法以及结果对介质微波部件二次电子倍增过程中的带电分析以及介质微波部件的微泄放过程的深入研究具有重要的指导意义。

4.1.1 电荷输运理论及模型

在散射过程中沉积在样品内部的电荷会在自建电场和电荷浓度梯度的作用下发生电荷的输运。从宏观上说，由于入射的电子数量与出射的二次电子数量，在绝大部分情况下是不相同的，使得样品内部会带有剩余的净电荷。根据二次电子的产额曲线可知，当入射电子能量大于第二临界能量时，二次电子发射系数小于 1，也就是说，出射的二次电子少于入射的辐照电子，从而使样品有净的负电荷积累。从微观上说，沉积在样品内的自由电子会在样品内部积累的静电荷所产生的电场和电荷梯度场作用下发生迁移和扩散。此外，在电子迁移和扩散的过程中，由于材料本身存在缺陷，会使一部分自由电子被捕获中心捕获。

如图 4.1 所示，电子非穿透辐照介质薄膜样品的带电过程需要考虑入射电子的散射过程和内部电荷的输运过程。当能量为 E_{PE} 的电子进入样品后，会与样品内部原子产生弹性和非弹性散射，激发产生内二次电子-空穴对，一部分内二次电子脱离表面以二次电子的形式出射，形成二次电子电流 J_{SE}。同时，样品内的电荷会在自建电场和电荷浓度梯度的作用下向样品底部输运，形成传输电流 J_E。在电子向样品底部输运的过程中，由于样品内部存在缺陷，部分自由电子会被样品内的缺陷捕获形成捕获电子。而未被捕获的自由电荷到达样品底部后形成泄漏电流 J_L。此外，根据电流连续性原理，金属接地板的底部会因为感应电场而产生位移电流 J_D。对于接地型的金属下极板，实际测量的样品电流 J_S 为泄漏电流与位移电流之和，即 $J_S = J_D + J_L$。

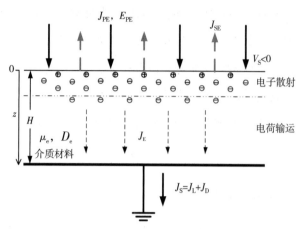

图 4.1   电子辐照电介质样品带电过程的示意图

本书将针对实验环境中常用的入射电子能量大于第二临界能量的条件，研究被广泛关注的介质样品负带电现象。在负带电情况，由于样品内部的空穴数量小于电子数量，并且被束缚在浅表层附近，所以在模拟样品带电过程时可以只考虑等效负电荷（净电子）的散射积累以及输运迁移。

在输运过程中，样品内部的自由电子 $n_F(z,t)$ 和捕获电子 $n_{trap}(z,t)$ 满足电流连续性方程、电荷输运方程、捕获方程及泊松方程，即

$$\frac{\partial[n_F(z,t)+n_{trap}(z,t)]}{\partial t}=\frac{\nabla\cdot \boldsymbol{J}_E(z,t)}{e} \tag{4.1}$$

$$\boldsymbol{J}_E(z,t)=-e\mu_c n_F(z,t)\nabla V(z,t)+eD_e\nabla n_F(z,t) \tag{4.2}$$

$$\frac{\partial n_{trap}(z,t)}{\partial t}=\frac{n_F(z,t)}{\tau_e}\frac{N_T-n_{trap}(z,t)}{N_T} \tag{4.3}$$

$$\nabla^2 V(z,t)=\frac{e[n_F(z,t)+n_{trap}(z,t)]}{\varepsilon} \tag{4.4}$$

式中：N_T 为样品材料的捕获密度（cm^{-3}）；τ_e 为捕获时间常数（s）；e 为单个电子电量；ε 为相对介电常数；μ_e 和 D_e 分别为介质材料的电子迁移率和扩散系数，并满足 Nernst-Einstein 方程 $D_e=\mu_e k_B T/e$，其中 k_B 为玻尔兹曼常数，在本书中温度 $T=300\ K$。

此外，在带电的模拟中，样品内的暂态总电荷量密度 $Q(t_i)$ 可以通过时域电荷守恒或者 z 方向的空间电荷密度积分求得，即

$$Q(t_i) = \int_0^{t_i} J_{\mathrm{D}} \mathrm{d}t = \int_0^{t_i} \varepsilon \frac{\partial \left[\nabla V(z,t) \mid_{z=H} \right]}{\partial t} \mathrm{d}t$$

或

$$Q(t_i) = \int_0^H e \left[n_{\mathrm{F}}(z,t) + n_{\mathrm{trap}}(z,t) \right] \mathrm{d}z \tag{4.5}$$

输运过程的数值求解。针对上述的电荷输运方程组，本书采用时域有限差分法（FDTD）进行求解。上表面为 $z=0$，以深度方向朝下为正方向，对样品进行深度方向的网格离散化。划分的纵向总网格数 N 与网格间距 d 和样品厚度 H 的关系为 $H=d \cdot N$，采用时域有限差分求解，可以得到在深度方向 j 处 t 和 $t+\Delta t$ 时刻的电子密度关系，即

$$\frac{n_j(t+\Delta t) - n_j(t)}{\Delta t} = D_{\mathrm{e}} \frac{n_{j-1}(t) + n_{j+1}(t) - 2n_j(t)}{d^2} - \mu_{\mathrm{c}} n_j(t) \frac{V_{j-1}(t) + V_{j+1}(t) - 2V_j(t)}{d^2} - $$

$$\mu_{\mathrm{e}} \frac{(n_{j+1}(t) - n_{j-1}(t))(V_{j+1}(t) - V_{j-1}(t))}{4d^2} - $$

$$\frac{n_{\mathrm{F}}(z,t)}{\tau_{\mathrm{e}}} \frac{N_{\mathrm{T}} - n_{\mathrm{trap}}(z,t)}{N_{\mathrm{T}}}$$

$$\tag{4.6}$$

式（4.6）仅对于样品内部的电子密度关系成立，而对于样品的上、下表面，由于 $j-1$ 和 $j+1$ 将不再存在，因此对于样品上、下表面的情况需要特殊处理。其中对于 $j=0$ 的上表面，根据自然样条边界条件，并利用泊松方程，在深度方向上表面处 t 和 $t+\Delta t$ 时刻的电子密度关系满足

$$\frac{n_j(t+\Delta t) - n_j(t)}{\Delta t} = \frac{\mu_{\mathrm{e}} n_j(t) \rho_j(z,t)}{\varepsilon_0 \varepsilon_{\mathrm{r}}} - \mu_{\mathrm{e}} \frac{\left[n_{j+1}(t) - n_j(t) \right] \left[V_{j+1}(t) - V_j(t) \right]}{d^2} - $$

$$\frac{n_{\mathrm{F}}(z,t)}{\tau_{\mathrm{e}}} \frac{N_{\mathrm{T}} - n_{\mathrm{trap}}(z,t)}{N_{\mathrm{T}}} \tag{4.7}$$

而对于 $j=N$ 的下表面，由于底板接地，使得该处的电位为 $0(V_{\mathrm{N}}(t) \equiv 0)$，因此，在深度方向下表面处 t 和 $t+\Delta t$ 时刻的电子密度关系满足

$$\frac{n_j(t+\Delta t) - n_j(t)}{\Delta t} = \frac{\mu_{\mathrm{e}} n_j(t) \rho_j(z,t)}{\varepsilon_0 \varepsilon_{\mathrm{r}}} - \mu_{\mathrm{e}} \frac{\left[n_j(t) - n_{j-1}(t) \right] \left[0 - V_{j-1}(t) \right]}{d^2} - $$

$$\frac{n_{\mathrm{F}}(z,t)}{\tau_{\mathrm{e}}} \frac{N_{\mathrm{T}} - n_{\mathrm{trap}}(z,t)}{N_{\mathrm{T}}} \tag{4.8}$$

对于求解内部电位的泊松方程一维坐标形式为

$$\frac{\partial^2 V}{\partial z^2} = \frac{-e\left[-n_{\mathrm{F}}(z,t) - n_{\mathrm{trap}}(z,t)\right]}{\varepsilon_0 \varepsilon_{\mathrm{r}}} \tag{4.9}$$

再根据二阶微分的一维差分形式，即

$$\frac{\partial^2 V}{\partial z^2}\bigg|_j = \frac{1}{d^2}(V_{j+1} - 2V_j + V_{j-1}) \tag{4.10}$$

代入式（4.10）后，泊松方程可以写成

$$V_{j+1} - 2V_j + V_{j-1} = -d^2 \frac{e\left[-n_{\mathrm{F}}(j,t) - n_{\mathrm{trap}}(j,t)\right]}{\varepsilon_0 \varepsilon_{\mathrm{r}}} \tag{4.11}$$

同样地，可以发现对于样品上表面情况，式（4.11）依然不适应。并且，考虑到泊松方程的边界条件在上表面处，由于介电常数不同，应该采用电位移矢量连续的边界条件，即

$$\varepsilon_0 \frac{\partial V_0}{\partial z} = \varepsilon_1 \frac{\partial V_1}{\partial z} \tag{4.12}$$

式中：V_0 和 V_1 分别为真空中和样品中的电位；ε_0 和 ε_1 分别为真空中和样品中的介电常数。并考虑到真空中无穷远处电位为 0，则表面处的电位可以近似表示为

$$V_0 = V_1 + \frac{d^2 e\left[-n_{\mathrm{F}}(j,t) - n_{\mathrm{trap}}(j,t)\right]}{2(1 + \varepsilon_{\mathrm{r}})\varepsilon_0} \tag{4.13}$$

在本章的数值模拟中，求解样品和空间电位的泊松方程采用超松弛迭代算法对计算进行加速。

4.1.2　充电动态模拟流程

上述的模拟描述了样品在电子持续辐照时，电子在散射的过程中电荷沉积以及在输运的过程中电荷迁移，样品的总带电量呈现一种逐渐积累的充电过程。然后，当电子辐照一段时间后停止，没有外在进入的净电荷，而内部的电荷也将逐渐输运到样品底部泄漏而减少，形成一个放电的过程。

图 4.2 所示为样品在电子辐照持续前后的充电动态过程的模拟流程框图。具体的流程如下。

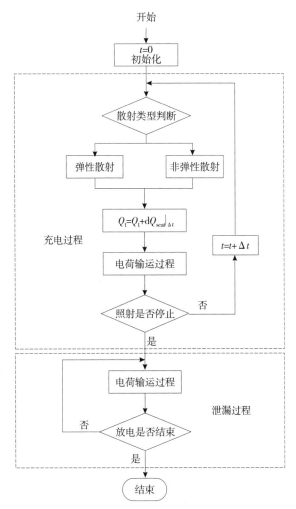

图 4. 2　样品充电的数值模拟流程框图

1. 充电过程

（1）散射过程的电荷积累。在散射过程中，由于入射的电子多于出射的二次电子，内部的电荷在弹性散射和非弹性散射作用下，最终产生大量的沉积电荷 $\mathrm{d}Q_{\mathrm{scat}}|_{\Delta t}$。

（2）电荷的输运。随着散射电荷的逐渐沉积，总电荷增加，$Q_{\mathrm{t}} = Q_{\mathrm{t}} + \mathrm{d}Q_{\mathrm{scat}}|_{\Delta t}$。并且，开始下一步的电荷输运过程，使得电荷分布发生变化。

（3）时域的循环迭代。样品内部的电荷在输运过程后，又一次进入下一次散射沉积电荷的叠加，并循环进行，直到充电达到饱和或者电子辐射停止。

2. 泄漏过程

当入射电子停止辐照后，样品内的电荷不再有外加的沉积电荷，此时 $dQ_{scat}|_{\Delta t} = 0$。内部电荷只是在输运过程中逐渐向底部泄漏，直到内部的自由电子全部泄漏完全，样品内的带电基本不再变化，最终结束放电过程。

4.1.3　电子辐照介质带电分布特性

在本节中，样品材料选用电子迁移率较低、带电较强的聚合物材料，聚甲基丙烯酸甲酯（PolyMethyl Methacrylate，PMMA）。在本章的数值模拟中，参数设置如表 4.1 所示。

表 4.1　带电暂态过程模拟的默认参数设置

参数名称	参数值	单位
照射束流密度 J_{PE}	20	nA/cm^2
入射电子能量 E_{PE}	5	keV
电子迁移率 μ_e	1.0×10^{-10}	$cm^2/(V \cdot s)$
样品厚度 H	20	μm
样品捕获密度 N_T	1.0×10^{15}	cm^{-3}

入射电子的辐照使样品带电，发生充电过程，而当照射停止后，内部的电荷（以自由电子为主）会在内建电场和梯度场的作用下继续输运和泄漏，发生照射中断后的泄放过程。由于当电子持续辐照介质样品使其带电达到饱和，进出样品的电流达到平衡，样品内的带电状态也不再变化。因此，在本书中假设入射电子的中断发生在样品充电达到饱和之后。在实际的模拟过程中，考虑到带电饱和的过程感应电流 J_D 只会无限接近于零，因此，本书认为当感应电流达到一个较小的阈值时，即 $J_D < 0.005 J_{PE}$，则达到带电平衡。

样品泄放的暂态过程如下。

1. 内部分布

入射电子照射停止后，样品不再有散射电荷的沉积，而电荷的输运过程由于内建电场和内部电荷的存在将继续进行。图 4.3 所示为泄放不同时刻样品内的总电子密度和自由电子密度的分布。由于捕获电荷被缺陷中心束缚，并不会发生迁移和扩散过程。因此，在泄放过程的电荷输运和泄漏主要为自由电子的变化过程。而总电荷分布在泄放过程的变化规律也基本与自由电子的变化规律一致。如图 4.3（b）所示，内部的自由电子随着泄漏的进行逐渐减小，从 10 s 到 80 s 过程。并且，由于散射作用的减去，内部电荷的峰值也逐渐向样品深度方向移动。随着自由电子的完全泄漏，最终样品内部的总电子几乎完全由捕获电子构成。

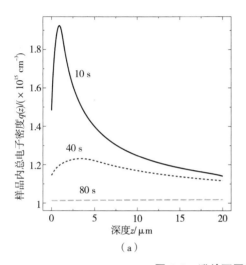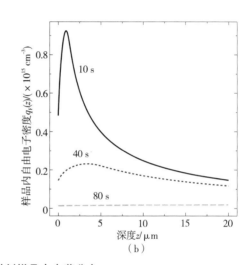

图 4.3　泄放不同时刻样品内电荷分布
（a）总电子密度；（b）自由电子密度

同时，内部自由电子的逐渐泄漏也会相应地使内部的电场和电位减弱。图 4.4 所示为泄放过程不同时刻下样品内部电场 $E_F(z)$ 和电位 $V(z)$ 的分布情况。在泄放过程中，从 $t=10$ s 时刻到 $t=80$ s 时刻，样品内部电场 $E_F(z)$ 和电位 $V(z)$ 呈现整体减弱过程。然而，同样由于内部捕获电荷的存在，内部的电场和电位仍然存在一定的余量。

2. 时变特性

在泄放过程中，由于入射电子的停止，入射电子电流和二次电子电流不再存在，$J_{PE}=0$、$J_{SE}=0$。此时，只需要考虑样品的泄漏电流 J_L。同时，随着电荷的逐渐泄漏，样品内的总负电荷和表面电位也将逐渐减弱。图 4.5 即为泄放过程中，泄漏电流和表面电位 V_S 以及总电荷量 Q 的暂态变化过程。

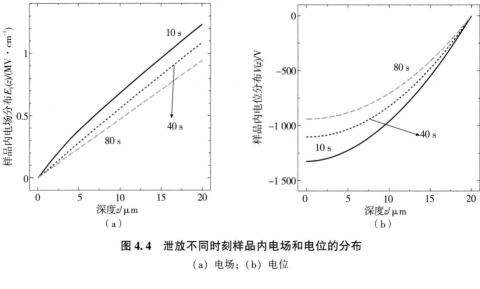

图 4.4 泄放不同时刻样品内电场和电位的分布

（a）电场；（b）电位

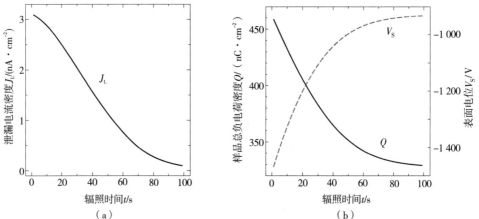

图 4.5 泄放过程中样品底部的泄漏电流和总电量以及表面电位的暂态变化曲线

（a）泄漏电流；（b）总电量以及表面电位

　　本节分析的泄放弛豫过程是发生在辐照样品带电饱和以后，相比于人为构造相同的带电状态下进行泄放弛豫过程的研究来说，本书的研究更贴合实际情况。这是因为各种材料参数除了会影响泄放弛豫过程外，还会对带电过程产生影响。材料迁移率的增大虽然使样品在泄放阶段的泄放量减小，但由于大的电子迁移率意味着大的电子迁移速度，因此也使内部电荷泄放的速度更快。同时，更大迁移率的样品在泄放过程中带电强度都表现得更弱，因此要避免带电的影响，可以采用电子迁移率更大的材料，或者采用金属掺杂的电介质材料。材料缺陷所产生的电荷捕获，对电荷的泄放过程会产生非常显著的影响。由于捕获的电荷很难逃逸，使得泄放弛豫过程最终剩余的电荷主要由捕获电荷组成，并且捕获密度的大小直接决定了泄放过程和最终的带电状态。因此，缺陷更小的材料更有利于电荷的泄漏和带电的规避。

本节采用数值模拟的方法研究了电介质材料在电子辐照后电荷的弛豫泄放过程。通过建立电子与样品材料相互作用以及内部电荷输运的数值物理模型，研究并分析了样品在饱和带电后的弛豫泄放过程中各带电微观量的暂态变化过程。在带电泄放的暂态过程中，样品内部的电荷在近表面处的最大峰值会逐渐向样品底部移动并逐渐减弱，样品内部的总电荷量和表面电位逐渐减弱到一个与捕获密度直接相关的终态值。样品内捕获密度的增大会阻碍样品电荷的泄放，泄放的最终带电状态与捕获密度直接相关。总的来说，尽管介质材料的各参数都会影响带电的泄放过程，但具体的影响效果不尽相同：迁移率会更显著地改变泄放时间；材料厚度会使泄放的初始电量出现逆转的变化趋势；而捕获密度则会呈指数量级地影响泄放电量比。

■ 4.2 介质带电下的二次电子发射动态特性

相比于金属的稳定二次电子发射特性，介质的二次电子发射由于受到带电状态的影响呈现复杂的动态特性。对介质材料的二次电子发射及带电特性，国内外展开了诸多研究。以往的研究多采用实验的方法测量了介质二次电子产额的变化规律，对介质带电状态进行一些定性的分析。而对介质辐照带电的数值模拟研究中，二次电子发射过程通常被简化处理。对于介质材料二次电子发射和带电状态的内在关联和微观机理仍然有待进一步探索。

本节采用数值模拟的方法，研究了介质材料在电子照射下的二次电子发射与带电状态的内在关系与机理。首次提出了电子辐照带电平衡模式，并从带电平衡模式的角度研究二次电子发射的动态特性与相应的本质机理。本节对电子照射介质材料二次电子发射及带电过程的数值模型结合了 MC 方法和时域有限差分法，对电子与材料的碰撞过程考虑了弹性和非弹性散射，并分别采用 Mott 模型和快

Penn-二次电子模型；对散射电荷的输运过程考虑了电荷的迁移、扩散和捕获等过程。分析了各带电平衡模式下二次电子发射及带电状态的暂态变化、微观分布、稳态特性。本节的研究对介质二次电子的机理研究和抑制有重要的理论探索和工程指导意义。

4.2.1　带电平衡数值模型

基于以上的数值模拟方法，本节进行了电子辐照介质材料的带电及二次电子发射动态模拟。为了更显著地体现介质的带电及二次电子动态过程，本节的数值模拟对象选取了电子迁移率较低且空间环境中常用的聚合物材料，这里为聚甲基丙烯酸甲酯（PMMA）。与大部分辐照环境相同，本节的数值模拟的边界条件为介质样品底部接地。考虑到介质材料受辐照产生的负带电状态可以远大于正带电，因此，本书的模拟电子辐照能量被设定为大于二次电子产额曲线的第二交叉能量。此时，二次电子产额小于1，从而使介质样品负带电。

图4.6所示为本节模拟的3种不同条件下的各电流随时间暂态变化过程，图4.6（a）~（c）分别对应的模拟参数设置如表4.2所示。

表4.2　数值模拟相关参数设置

参数	图4.6（a）	图4.6（b）	图4.6（c）
能量/keV	5	5	5
束流/（nA·cm^{-2}）	20	20	20
迁移率/（cm^2·V^{-1}·s^{-1}）	10^{-10}	10^{-10}	10^{-10}
厚度/μm	50	5	25
捕获密度/cm^{-3}	10^{15}	10^{15}	10^{15}

3种条件下图4.6（a）~（c）分别是在样品厚度为50 μm、5 μm和25 μm的情况下模拟得到的。总的来说，二次电子电流J_{SE}随着电子辐照的持续会呈现不同程度的上升，而材料底部的样品电流J_S则不同程度减小。考虑到电流连续性原理，这里的样品电流包括电荷迁移到底部形成的泄漏电流J_L和由变化电场引起的位移电流J_D，并且满足$J_S = J_D + J_L$。

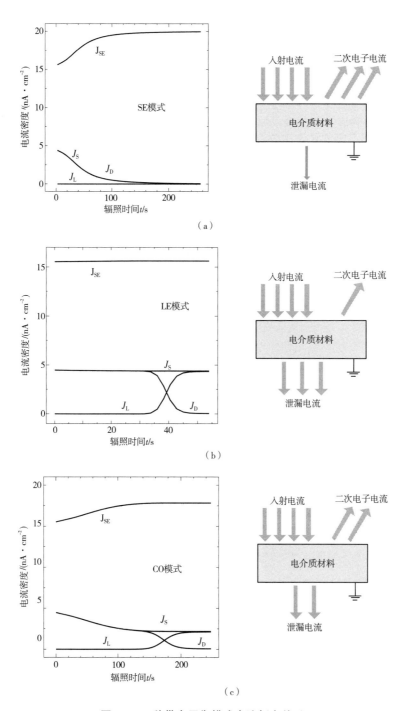

图 4.6　3 种带电平衡模式电流暂态关系

（a）二次电子平衡模式（SE）；（b）泄漏电流平衡模式（LE）；（c）共同模式（CO）

二次电子电流呈上升趋势的主要原因：大于第二交叉能量的电子入射到介质材料之后，二次电子产额小于1，出射电子少于入射电子，样品内部积累负电荷，表面呈现负电位，从而会降低入射电子的着地能量，进而增大二次电子产额；并且随着入射的持续，表面负电位会持续增强，二次电子产额也相应持续增大，最终随着表面出射电子和底部泄漏电子与入射电子达到一个带电的动态平衡。

从宏观上说，二次电子发射的动态过程，主要取决于样品的带电平衡过程。图4.6（a）~（c）则分别对应了不同的带电平衡过程，右图分别对应于其平衡示意。图4.6（a）中，二次电子电流显著上升，泄漏电流变化很小，内部电荷的平衡主要由二次电子电流的增大来主导，为二次电子平衡模式（SE）；图4.6（b）中，泄漏电流出现显著变化，而二次电子电流变化很小，为泄漏电流平衡模式（LE）；图4.6（c）中，两者变化相当，为共同模式（CO）。

为了更为直观地表述带电平衡模式程度，本书定义了平衡模式因子（Mode factor）F 为平衡状态泄漏电流值 $J_L(t=\infty)$ 与初始样品电流的比值 $J_S(t=0)$，即

$$F = \frac{J_L(t=\infty)}{J_S(t=0)} \tag{4.14}$$

这里，模式因子 F 直接表述了电荷泄漏所达到的比例。当 $F \in (0, 0.2]$ 时为二次电子平衡模式；当 $F \in [0.8, 1)$ 时为泄漏电流平衡模式；当 $F \in (0.2, 0.8)$ 时为共同平衡模式。图4.7所示为不同材料样品厚度的情况下（$H = 5 \sim 50\ \mu m$），模式因子 F 的变化曲线。随着样品厚度的增加，带电的平衡模式从泄漏电流模式向二次电子模式转变。

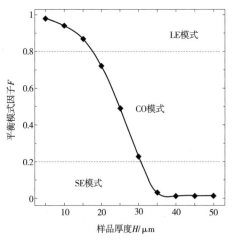

图 4.7　样品厚度对带电平衡模式的影响

4.2.2　样品参数对平衡模式的影响

对于同一种材料样品而言，由于材料特性参数不易改变，最具有直接参考意义的模拟参数为样品厚度。本书将以样品厚度为参数变量模拟分析不同带电平衡模式下的二次电子动态特性及其他相关带电暂态特性。

图 4.8 所示为不同样品厚度分别为 10 μm、20 μm、30 μm、40 μm 情况下，从介质表面出射二次电子的产额及样品底部感应位移电流随时间的变化关系。图 4.8（a）中，对于相对较薄的样品（如 10 μm），对应于 LE 模式，二次电子产额增长速率慢，变化幅度小；而对厚样品（如 40 μm），对应于 SE 模式，二次电子产额增长快，变化幅度大，更接近于 1。图 4.8（b）中，位移电流暂态曲线可以分成两段，其拐点是由泄漏电流的出现导致的。可以发现，样品厚度的增大推迟了位移电流拐点出现的时间点。对于 SE 模式下（如 40 μm），位移电流的拐点几乎不可见。

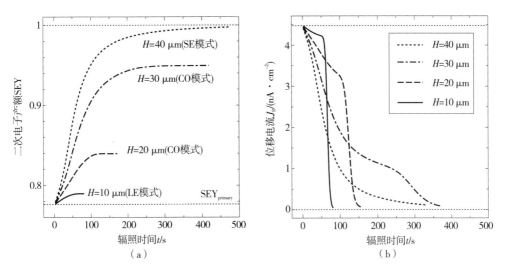

图 4.8　不同样品厚度下二次电子发射及位移电流暂态曲线

（a）二次电子产额；（b）位移电流

样品在不同模式下的带电状态是由内部的电荷分布决定的。图 4.9 所示为不同厚度情况下，样品在达到平衡后内部电荷的分布。为了便于描述，其横坐标为相对深度 z_r（绝对深度与样品厚度的比值 z/H），左侧为样品表面，右侧为样品接地底部。对于更薄的样品（如 10 μm），对应于 LE 模式，电荷的分布更偏向于内部。而对于 SE 模式情况（如 40 μm），电荷并没有输运到样品底部，更多比例的电荷分布于样品表面。

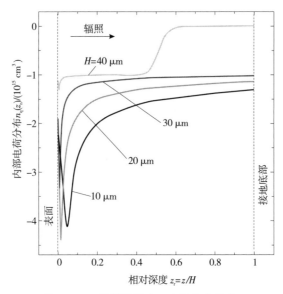

图 4.9　不同样品厚度下内部电荷分布

在不同的带电平衡模式下，由暂态过程导致的最终稳态相关特征量同样会发生变化。图 4.10 所示为不同厚度带来的不同平衡模式下，稳态时样品表面电位 V_S、二次电子产额、总带电量 Q 以及平衡时间常数 T_C 的变化曲线。在图 4.10（a）中，二次电子产额随着样品厚度的增大，平衡模式向 SE 模式转变，逐渐增大并接近于 1。并且，SE 模式意味着大的二次电子变化，对应于更强的表面电位。

在样品达到带电平衡过程中，为了描述平衡过程的快慢，本书定义带电时间常数 T_C 为位移电流从最初值减小到 $1/e$ 的时间，即

$$T_C = t \big|_{J_D(t) = \frac{1}{e} J_D(t=0)} \tag{4.15}$$

式中：e 为自然常数。

从图 4.10（b）中可以发现，随着样品厚度的增大，平衡模式发生改变，平衡时间常数 T_C 在中间的共同模式区出现了相反的变化趋势。这主要是由于平衡的主导因数发生了改变，由泄漏电流主导改变为二次电子电流主导，内部的带电平衡机理发生了改变。同样，对总电荷量来说，随着平衡模式的改变，总带电量发生了相反的变化趋势。根据前面对内部电荷分布的结果，SE 模式时，电荷更

倾向于分布在表面，并且随着样品厚度的增大，表面负电位增强变缓，而总电荷量却呈现先增后减的趋势。这个变化趋势同样可以结合图 4.10（b）和上述理论分析得到。

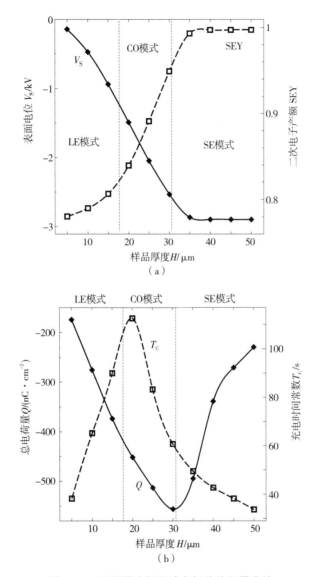

图 4.10　不同厚度样品动态相关特征量曲线

（a）表面电位 V_S 和二次电子产额；（b）总带电量 Q 和平衡时间常数 T_C

事实上，带电平衡模式不仅体现宏观电流平衡方式，也是介质材料深层带电和表层带电状态的区分。二次电子 SE 模式通常对应于样品表层带电状态，而泄漏电流 LE 模式对应于深层带电状态。本书的平衡模式研究主要基于样品厚度的改变，此外，样品材料的电子迁移率、捕获密度等材料特性参数以及电子照射参数（如入射电子能量和束流密度等）都会改变平衡模式。

本节采用数值模拟的方法研究了基于带电平衡模式下的二次电子发射及负带电特性，分析了不同平衡模式下各特征参量的暂态变化规律和微观影响机理，得到以下具体结论。

（1）在负带电情况下，随着电子的持续入射，从介质表面出射的二次电子产额逐渐增大，表面负电位增强，样品底部的位移电流会随着泄漏电流的出现呈现一个快速下降的拐点。

（2）根据介质表面电流的变化程度，可以将介质表面的带电过程分为二次电子平衡模式、泄漏电流平衡模式及共同模式；二次电子平衡模式下样品呈现表面带电状态，而泄漏电流模式下呈现深层带电状态。

（3）泄漏电流平衡模式转向二次电子平衡模式过程中，稳态二次电子产额增加，表面负电位增强；总电荷量和平衡时间常数由于平衡模式的改变呈现相反的变化趋势。

第 5 章
电子轰击对介质材料的影响

■ 5.1　电子辐照带电效应下的微波介电特性

电子束辐照引起的电介质充电效应在很多领域对电气设备产生了巨大的影响。电子束作为外部空间的主要空间辐射粒子，导致电介质材料的充电现象和航天器设备的恶化。由电子束引起的介质充电使空间器件的性能不仅通过直接改变其工作电磁环境而且还以影响材料固有性质的形式，如改变介电极化特性（图 5.1）。然而，随着对集成度和多功能化要求的不断提高，为了缩小组件尺寸，需要在航天器设备中应用更多的介质材料。因此，为了更好地利用介质材料来稳定提高空间器件的性能，迫切需要研究电子束辐照下带电效应对介质器件性能的影响。

对于航天器而言，空间中电子束辐照下暴露的主要射频（RF）部件是天线。尽管目前太空中的大多数天线都是由金属制成的，并且具有许多优点，但近来空间电介质天线逐渐成为流行的研究趋势。尽管如此，在射频工作的这些介质天线的应用仍然需要处理由于空间电子束辐射引起的带电效应的挑战。一次电子入射样品，分别与弹性散射和非弹性散射形式的材料原子核和核外电子碰撞。然后，在内部自建电子场的作用下，散射过程中积累内部电荷。同时，这些散射和传输过程导致的带电效应影响材料的介电性能，并且介电性能的变化仍然影响动态带电过程（图 5.2）。因此，带电效应对介电性能的影响也会在介质天线上发生反应。尽管很多研究已经在固定的额外电场的作用下研究了介电性质的演变，但由于空间电子辐照对介电性质和天线性能的复杂动态带电效应还有待进一步研究。实际上，在实验的电子束照射下很难测量天线性能的演变。因此，数值模拟成为研究这些相关影响的有效方法。

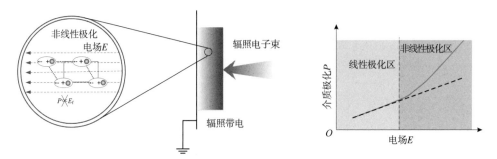

图 5.1　电子辐照带电效应改变材料的计划特性

本节提出了空间电子束辐照对介质天线带电效应的数值模拟研究。本研究所关注的电介质天线选用了广泛应用于许多领域的矩形介质谐振器天线（RDA）。为了更真实地模拟太空照射，辐照电子的能量被设定为基于对地静止地球轨道（GEO）的多能量。我们模拟了由多势能电子辐照引起的带电状态的动态特性，并分析了对介电特性的自足带电效应。此外，还研究了带电下 RDA 性能的演变，重点是转移和辐射特性。需要说明的是，本节针对的材料为高介电常数的介电可调材料，对于其他材料并不适用。这项工作有助于理解空间电子束辐照下电荷效应的微观机制，对介质天线在空间中的开发和应用具有重要意义。

图 5.2　电子辐照带电效应与材料介电性能的自洽影响关系

5.1.1　多能量电子束辐照

具有不同能量的一次电子可以达到不同的深度范围，并且包括电子和空穴的内部电荷分布呈现出各种不同形态。图 5.3 显示了不同 PE 能量，20 keV、

40 keV、60 keV、80 keV 和 100 keV 下的内部电荷分布。由于电子和空穴的分布同样存在且只具有相反的极性，因电子辐射而产生的散射电荷形成类似的等离子态，如图 5.3（a）所示。在较大能量的 PE 辐照下，电子和空穴都达到较深的位置，如 $E_{PE}=100$ keV 时的散射范围大于 90 μm。考虑到 PE 能量大于次级交叉能量，从样品表面发射电子小于进入电子，并且净电荷呈现为负值，如图 5.3（b）所示。

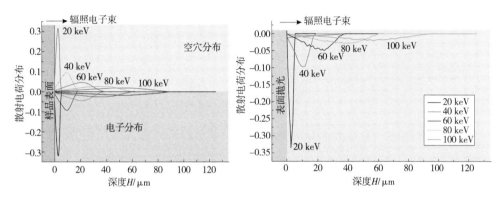

图 5.3　不同的 PE 能量下样品内部的电荷分布
（a）电子和空穴（归一化）；（b）净电荷（归一化）

对于电子辐照的空间情况，PE 的能量通常不是恒定的值。因此，为了更真实地模拟空间中的电子辐照，本研究基于静止地球轨道（GEO）将 PE 能量设置为多重协同的。通过欧洲航天局（ESA）数据库计算 PEs 能量的分布，有

$$J(>E)=A\exp\left(-\frac{E}{E_a}\right)+C\exp\left(-\frac{E}{E_c}\right)\tag{5.1}$$

式中：A、C、E_a 和 E_c 分别设定为 9.52×10^{-7}、2.8×10^{-9}、268.64 keV 和 44.16 keV。基于这一功能，PE 的多能量分散为 20~100 keV，每步 10 keV。这是因为能量范围从 20 keV 到 100 keV 的电子获得了很多关注，并且是空间电荷效应的主要来源。图 5.4（a）显示了这些 PEs 多重反应的归一化比例，表明 PEs 的比例随着能量的减少而降低。

那么，多重能量 PE 下的内部电荷也可以用图 5.4（b）所示的不同 PEs 能量中的加权附加电荷分布来计算。可以发现，由多势能电子束引起的电荷分布表现为更深入，但主要保留在表面范围内。

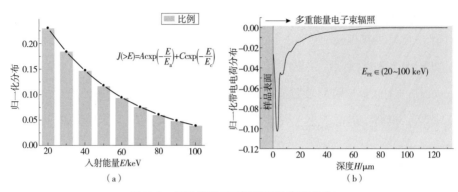

图 5.4 多重能量 PE 辐照下的电荷分布

（a）PE 能量函数；（b）电荷分布

5.1.2 带电效应影响介电常数

在由多反应性 PE 辐照引起的带电过程瞬态过程中，内部电荷在散射积累和传输运动的作用下发展。图 5.5（a）示出了在不同照射时间 0.2 s、0.8 s、2.0 s、4.0 s、8.0 s 和 16.0 s 时内部深度净电荷分布。这里，PEs 的能量被设定为上述的多反应性，其总电流密度为 10 nA/cm²。如图 5.5（a）所示，内部电荷在开始时显著累积，瞬时为 0.2~0.8 s。之后，这种趋势被主要受运输过程影响的深度运动所取代。而在运输主导期 $t>8.0$ s，内部电荷高峰变化较小，但自由电荷深度延伸。图 5.5（b）显示了相应的内部电子场。由内部电荷引起的电场强度不仅随着深度而增加，而且随着照射时间的推移而增强。具体而言，电子领域的这种增长在内部电荷范围内呈现显著性。

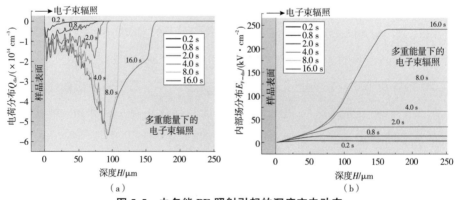

图 5.5 由多能 PE 照射引起的深度充电动态

（a）电荷分布；（b）内部电场分布

在内部强电场的作用下，材料的介电性能也如上所述变化。图 5.6 展示了在多次相互作用的 PEs 辐照下瞬态介电性质的演变。受电场影响，内部介电常数的分布呈现出与图 5.6（a）所示的深度和时间类似的演变。虽然内部电荷主要保持在表面区域，但由于较强的电场，深部介电常数的变化更为显著。为了描述材料介电常数的整体影响，研究了材料有效介电常数的演变，有

$$\varepsilon_{\text{eff}}(t) = \frac{1}{V} \iiint \varepsilon_{\text{ei}}(t)\, dv \qquad (5.2)$$

对于面板样本，可以使用一维形式进行简化

$$\varepsilon_{\text{eff}}(t) = \frac{1}{H_S} \int \varepsilon_{\text{ei}}(z,t)\, dH \qquad (5.3)$$

这里，样品厚度 H_S 是 1 mm。图 5.6（b）表示材料有效介电常数的暂态变化。随着辐照时间的增加，这种关系在 $t>10$ s 时趋于线性。

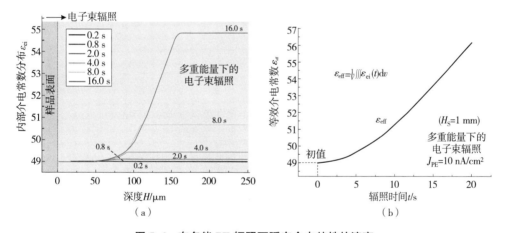

图 5.6　在多能 PE 辐照下瞬态介电特性的演变
（a）内部介电常数分布；（b）有效介电常数

实际上，当内部电场足够大时，内部电荷可能通过电子级联倍增在放电过程中发生。因此，在这项研究中，本书只是模拟电场不足以放电的带电过程。

5.1.3　对 DRA 的影响

然后，在下面的段落中，由于电子束集中在介质天线上的带电效应的特性，介质谐振器天线（DRA）除了具有较低的功率损耗和较高的辐射效率外，与介电

常数密切相关，因此被选为本研究的应用对象。如上所述，用高介电常数的 BaTiO$_3$ 作为介质谐振器（DR）材料。图 5.7（a）是 DRA 的结构示意图，给出了各部分的尺寸。介质谐振器为矩形板，并且直接在电子束照射下曝光。由于介质谐振器 12 mm 的宽度比其厚度 1 mm 大得多，所以可以用一维模型处理对介质谐振器带电的影响。微带线材料覆盖金属，几乎不受带电的影响。在这项研究中，忽略了周围衬底的带电效应，并且仅考虑由于电子束照射在整个介质谐振器上的带电效应。图 5.7（b）是该 DRA 在工作频率 8.75 GHz 下无电子束照射的 3D 绘图图案。

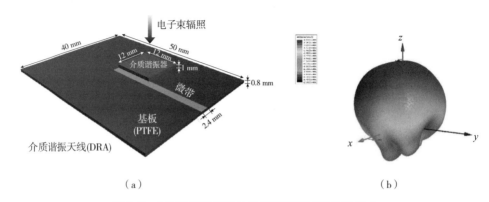

图 5.7 介质谐振器天线的示意图及其三维绘图模式

（a）结构和尺寸；（b）3D 绘图模式

在电子束照射下，由于带电的介电常数的演变将影响辐射和传输特性。图 5.8（a）~（d）分别表示由 0 s、2 s、4 s 和 8 s 的电子束辐照引起的 DRA 的瞬态 2D 方向图。在 xOz 和 yOz 平面上用蓝色和红色线表示图案，这两个平面中的两种图案在工作频率 8.75 GHz 下不明显地演变。因此，也说明了电子束对工作频率 DRA 模式的带电效果并不明显。这主要是因为这种类型的薄 DRA 的图案与天线结构的关系更为显著，而由于带电效应引起的介电常数的变化可能会影响 DR 的谐振频率。

然后，我们研究了由于在不同的电子束照射时间 0~16 s 的带电效应引起的传输参数 $S(1,1)$ 的动态特性，如图 5.9 所示。这里，图 5.9（a）是 $S(1,1)$ 曲线，可以发现整个 $S(1,1)$ 曲线都从两个数字向低频方向移动。在带电效应下，由于 DR 介电常数的增加，中心频率 f_c 从 8.85 GHz 下降到 8.62 GHz。另外，由于带

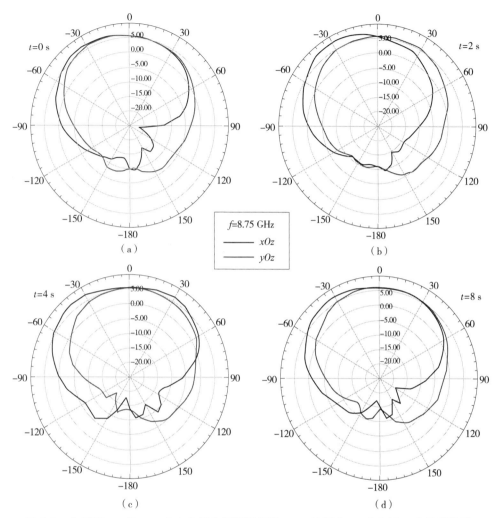

图 5.8　在平面 *xOz* 和 *yOz* 中由电子束辐照引起的 **DRA** 的瞬态 **2D** 方向图（书后附彩插）

电引起的介电常数的演变导致 DRA 带宽 f_{BW} 从 540 MHz 增加到 660 MHz，如图 5.9（b）所示。

　　本节通过数值模拟研究了多能量电子辐照下动态电荷特性及其对介质谐振器天线的影响。本研究中的带电过程模拟包括电子与材料原子之间的散射过程以及内部电荷传输。还建立了带电效应和介电性能变化的追溯模型。这种数值模拟被证明是一种有用的方法，特别是对电子束辐射引起的介质谐振器天线的带电效应的复杂特性。这项研究表明，与单一能量相比，多能电子照射产生的内部电荷分布更加平缓。在内部自建电场的作用下，样品的介电常数随着积累电荷范围的深度而增加。对于电子辐照下的介质谐振器天线，尽管工作频率下的辐射特性变化较小，但传输参数 $S(1,1)$ 向低频移动，其带宽变宽。此外还发现，大电流辐照可以缩短带电动态，促进 DRA $S(1,1)$ 参数的变化。本节的研究是针对高介电常数的介电可调材料，而对于低介电常数的微波介质基板，由于非线性极化效应并不显著，因此，本研究的规律不适合对其进行推广。尽管如此，本研究仍有助于理解介质带电的动力学微观机制。

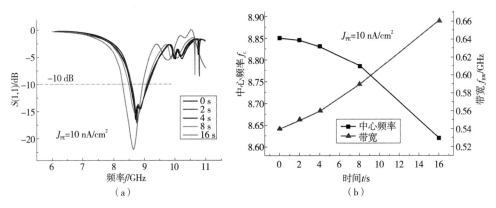

图 5.9 电子束照射下 $S(1,1)$ 参数的动态特性（书后附彩插）

（a）$S(1,1)$ 曲线；（b）中心频率和带宽

■ 5.2 电子轰击对材料表面的影响

电子束辐照对天线性能的充电效应表现为两种形式。第一，内部电荷的积累会增加介质损耗，降低 Q 值，Q 值是一个与功率损耗成反比的质量参数，特别是在低频状态下[76-77]，其次是放电脉冲可以反馈为反射信号来改变天线 $S(1,1)$ 参数[78]。因此，计算天线介质基板的充电状态和放电特性是一个很重要的问题。具有低介电常数和低介电损耗的聚四氟乙烯（PTFE）被广泛应用于介质微带天线衬底材料[79]。但聚四氟乙烯作为低导电性的链状聚合物，在电子束照射下几乎不泄漏电荷，更容易积聚电荷并发生放电现象[80-81]。积聚电荷形成的表面电势是表面放电的根本原因，也是表面放电阈值的表征。在实验中，由于表面探测用的电位计会明显改变放电电流路径[82-84]，因此，为了减少测量的干扰，通常需要在每次放电前

对表面电位电位器进行真空处理，从而给表面电位测量带来估计偏差。实际上，对于聚四氟乙烯来说，在电子束辐照下，其表面会释放气体，一定程度上会促进放电过程[85-87]，从而导致充放电过程更加复杂。

对于传统的空间充电地面实验系统，由于实验箱体积一般设计为大尺寸，难以保持 10^{-7} Torr 的高真空度。然而，为了弄清充放电过程中的复杂物理过程，有必要研究电子束辐照下气体的解吸特性及其相关的表面态充放电和原位放电条件[88-93]。实际上，在表面放电过程中，电子在电场力作用下的倍增过程中，许多气体分子可能被电离，产生更多的次级电子。通过建立电子-中性碰撞和电离的多倍体模型，西北核技术研究所常超团队成功地说明了气体对高功率微波窗口微放电的影响，并发现在短脉冲期间，介质窗口上方的环境气体压力将显著上升[94-96]。考虑到解吸气体组分和放气速率仍随辐照能量的变化而变化，微观机理有待进一步研究。此外，高能电子和加速离子的轰击也会导致材料表面的损伤，特别是对于链结构的聚合物聚四氟乙烯。在物质深处，随着一次电子的能量损失，伴随气体逃逸的离解过程呈现出多种形式。因此，获取低侵入性表面放电特征描述和分析充放电过程中的表面气体解吸仍需进一步研究。

本节提出了一种实验和数值模拟相结合的方法来研究电子束辐照下 PTFE 的放电表面电位和气体解吸性能。在实验测量中，首先通过捕获放电脉冲电流得到单次放电过程的平均辐照量。然后，根据实验数据建立了数值模拟，得到了表面放电电位。数值模拟考虑了每个电子在原子间的弹性散射和非弹性散射，采用 MC 方法来描述充放电过程。通过与实验数据的对比，验证了模拟结果的正确性。数值模拟还考虑了内部自由电荷输运过程，包括漂移、扩散、陷阱和复合过程。研究了不同辐照条件下 PTFE 的气体解吸量和成分，分析了放电过程。此外，还研究了不同充放电过程后的表面化学状态和物理形态，以建立与气体解吸特性的内在联系。

5.2.1 放电所需的电子辐照量测试

当电子束入射到介质表面时，一部分电子以次级电子的形式发射出来。其他电子以一种局部类似等离子体的形式留在电介质内，即电子-空穴对[97]。在大多数情况下，发射电子不等于沉积电子 $N_{emit} \neq N_{incident}$，样品呈现正电荷或负电荷的充电状态。由于轻微的正表面电势可以将发射的电子拉回以保持充电平衡，所以正带电状态总是表现出很弱的带电性，几乎不会发生放电现象[98]。因此，考虑到空间辐照电子束能量大于几个 keV，本书重点研究了负带电状态的情况。

由于电位计的探测会显著改变表面放电电流路径，导致表面电位的测量偏差较大，因此，可以通过无干扰式的放电监测，获得表面放电状态的电子束辐照量。

表面放电辐照量的测量方法如图 5.10 所示。聚四氟乙烯薄膜置于真空室中的导电金属平台上。能量范围为 5~25 keV 的电子枪可以垂直照射聚四氟乙烯表面。该金属平台通过穿舱连接线与腔外示波器相连。当电子束连续照射下充电状态足够强时，表面电荷在强表面电场下进行放电过程，通过连接的脉冲触发示波器获得诱导的强电流脉冲。

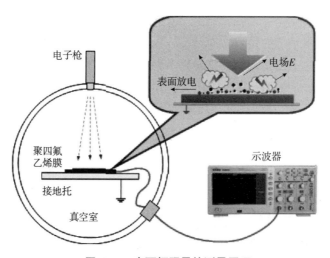

图 5.10　表面辐照量的测量原理

图 5.11 记录了示波器在不同一次入射电子能量 E_{PE} 分别为 12 keV、14 keV、18 keV、20 keV 下获得的表面放电脉冲信号。考虑到不同一次入射电子能下放电频率不同，故将图 5.11 中的时间步长设为 10 s（a）、2 s（b）、1 s（c）（d）。由于一次放电过程总是在纳秒内完成，放电冲击波表现为脉冲函数。由于放电过程的随机性，每个脉冲的间隔和峰值呈现不同的形式。因此，为了客观地描述平均放电间隔时间，计算特定周期内的总脉冲数，12 keV 时为 240 s、14 keV 时为 48 s、18 keV 时为 24 s、20 keV 时为 12 s。然后，根据入射电流密度得到平均放电辐

照量。这里，在系统噪声和示波器精度的限制下，将触发电平设置为 0.1 V，忽略一些足够轻微的放电信号。

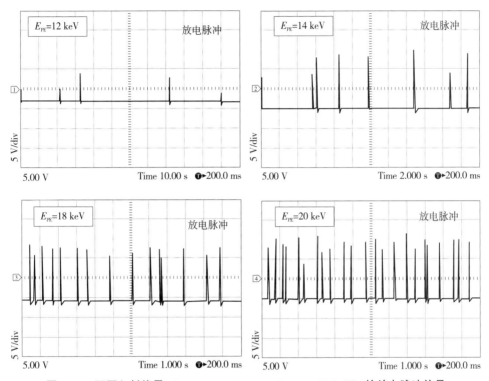

图 5.11　不同入射能量（12 keV、14 keV、18 keV、20 keV）的放电脉冲信号

平均放电辐照量 Q_{ADI} 随一次入射电子能量 E_{PE} 的变化如图 5.12（a）所示。入射电流密度设置为 100 nA/cm²。为了消除放电随机性干扰，对相同初始状态样品，在每次入射能量情况下重复测量放电辐照量 5 次。结果在图 5.12（a）中以误差棒的形式表示。随着一次电子能量从 12 keV 时的 1 053 μC/cm² 下降到 20 keV 时的 95 μC/cm²。当入射能量小于 11 keV 时，很难获得放电信号。因此，将入射能量小于 11 keV 视为无放电区。这主要是因为无论有多少电子照射在聚四氟乙烯表面，其表面电场都不够强，不能满足放电条件。当图 5.12（b）所示改变入射电流密度 J_{PE} 时，平均放电辐照量 Q_{ADI} 保持不变，J_{PE} 的 Q_{ADI} 保持在 125 μC/cm² 左右，为 10～100 nA/cm²。入射电流密度主要改变放电间隔时间。因此，为了更好地描述提供一个放电过程所需的辐照量，选择 Q_{ADI} 作为参数，而不是放电间隔时间。实际上，考虑到每个放电过程不能释放全部的充电状态，Q_{ADI} 描述的是充入的电量。

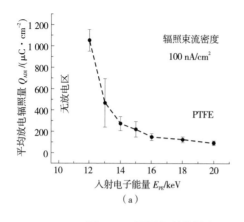
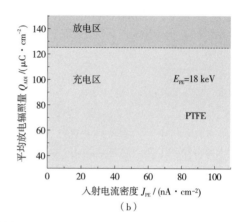

图 5.12 不同入射能量和不同入射电流密度下的平均放电辐照量

（a）不同入射能量下的平均放电辐照量；（b）不同入射电流密度下的平均放电辐照量

5.2.2 表面放电电位数值模拟

为了利用数值模拟得到表面电势，首先要记录发射电荷和沉积电荷，然后在电荷内部输运过程中计算表面电势。

入射电子与材料原子相互作用时，由于二次电子发射和内部电荷沉积导致动量和能量损失的改变。在本研究的数值计算中，使用 Monte Carlo 数值模拟方法来描述电子与 PTFE 原子之间的每一个弹性和非弹性散射。

对于主要是电子与原子核反应的弹性散射，采用基于量子分波的 Mott 散射模型来描述电子的弹性散射。对于 PTFE，其分子结构表示为图 5-13（a）所示，其单位公式为 $[CF_2—CF_2]$，即 C 与 F 的定量比例为 $1:2$。考虑到弹性散射过程是每个原子的独立过程，PTFE 中电子的弹性散射可以由原子来计算。每个原子的弹性散射概率可以描述为

$$P_i = \frac{C_i \sigma_i}{\sum_{i=1}^{n} C_i \sigma_i} \tag{5.4}$$

式中：C_i 为每个原子的定量比例；σ_i 为通过 Mott 模型数据库得到的每个原子的微分散射截面[99-101]。在 Monte Carlo 模拟中，需要生成一个随机数 $R \in (0\sim1)$ 来判断每个步骤中哪些原子的电子会相互作用[102]。然后，它仍然需要一系列随机数来产生一个散射角。

通过跟踪每个电子的散射轨迹，可以得到发射的二次电子产额和内部沉积电荷的分布。图 5.13 （b） 显示了从 50 eV 到 20 keV 入射能量时的二次电子产额变化。仿真结果用红实线表示，实验结果用红点误差条表示。先前报道的 PTFE 二次电子产率结果也在图 5.13 （b） 中进行了比较。可以发现，仿真结果与实验结果基本吻合。以往报道的结果存在一定的差异，最大二次电子产额在 2.5 ~ 2.0 之间。这主要是由于材料制备工艺和表面状态的差异造成的。尽管如此，在高能量区域 （10 keV） 的模拟结果与我们和 Song 的实验结果吻合得很好。在高能区，当发射电子较少时，表面电荷态为负。

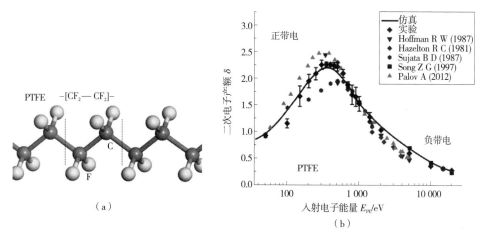

图 5.13　PTFE 分子结构及其仿真和实验结果
（a） PTFE 链分子结构示意图；（b） 二次电子产率曲线模拟及实验结果

在初级电子散射过程中，当非弹性散射能量损失大于禁带能量时，核外电子可能被激发为自由的内部次级电子。受激发的外层电子数量远多于内层电子，具有较低的初始能量 （几个 eV）。因此，被激发的自由电子可能很快就会停留在主电子轨道附近，如图 5.14 （a） 所示。在 Monte Carlo 模拟中，每个电子步长都由随机数决定。模拟数值越多，计算结果越准确。在图 5.14 （a） 中，电子束垂直照射在一点上，沉积的内部电荷在水平方向 （xOy 面） 上呈均匀分布。因此，对于区域辐照，沉积的内部电荷分布主要与深度电荷分布有关。

实际上，核外电子激发过程也会在原位产生空穴。在本模拟中，激发层内空穴被激发层外电子占据的机理也可以用电子能量损失函数来描述。在大多数情况下，被激发的电子和空穴成对产生。内电子和空穴的分布类似于图 5.14 （b） 所示的类等离子体。考虑到一个电子可以激发多个电子-空穴对,其净电荷量明显小于电子-空穴对。在深度方向上,净电荷也与电子和空穴保持相同的分布。随着电子入射能量从 10 keV 增加到 20 keV,散射电荷区域从 1.5 μm 扩展到 5 μm 以上。

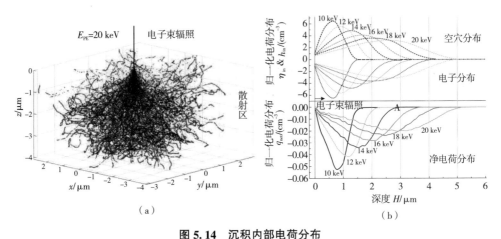

图 5.14　沉积内部电荷分布

(a) 20 keV 辐照下的三维分布;(b) 不同辐照能量下的归一化电子、空穴和净电荷分布

对于未穿透的电子束辐照,沉积的电荷也将进行输运过程。本研究中 PTFE 薄膜厚度为 103 μm。由于入射能量为 10~20 keV 的散射电荷深度范围远小于薄膜厚度,因此散射电荷主要集中在薄膜表面。对于接地介质膜,其内部的自由电荷在自建内部电场的作用下漂移,由于电荷密度梯度而扩散,被缺陷中心捕获,发生图 5.15 所示的电子-空穴对复合。

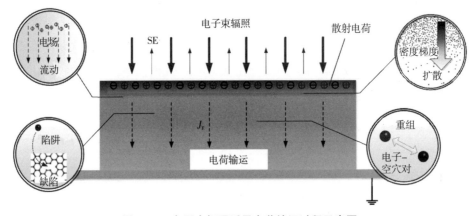

图 5.15　电子束辐照诱导电荷输运过程示意图

从 PTFE 薄膜的角度来看，入射电子形成了一个负值的流入电流。发射的二次电子电流 J_{SE} 和电荷输运电流 J_E 作为外流电流。根据电场连续性原理，接地底板应存在位移电流。在输运过程中，自由电子–空穴密度和被困电子–空穴密度满足电流连续性方程、电荷输运方程、捕获方程。

在输运过程模拟中，每个时间步的初始电荷会加入相应的散射电荷，然后利用时域有限差分法（FDTD）进行输运演化。根据实验测量得到的放电辐照量，可以计算出放电时的充电状态。通过泊松方程，可以根据电子–空穴分布计算介质膜的空间电势 $V(z,t)$，即

$$\nabla^2 V(z,t) = \frac{-\rho(z,t)}{\varepsilon_r} = \frac{-e\{h_f(z,t) + h_{trap}(z,t) - [n_f(z,t) + n_{trap}(z,t)]\}}{\varepsilon_r} \quad (5.5)$$

式中：ε_r 为 PTFE 的静态介电常数。表面电位为 $z=0$ 时的值，有

$$V_S(t) = V(z,t)\big|_{z=0} \quad (5.6)$$

基于上述放电辐照量，不同入射能量下放电 $V_{S\text{-DIS}}$ 的表面电势如图 5.16 所示。

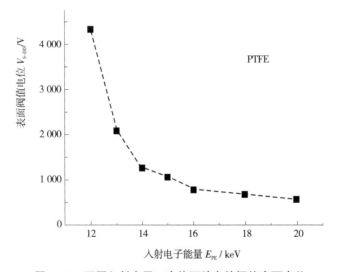

图 5.16　不同入射电子一次能下放电的阈值表面电位

阈值表面电位随入射电子入射能量的增加而减小，从 4 341 V（12 keV）减小到 550 V（20 keV）。PTFE 聚合物在放电过程中，由于散射范围较浅、迁移率较低，其充电状态在传输过程中略有变化。这也是图 5.12（b）中放电辐照量随入射电流密度的变化基本保持不变的原因。而对于某些高迁移率介质膜，由于在

传输过程中存在显著的电荷泄漏，这种不变的趋势将失效。电子束电流对阈值表面电势的影响较小，但一次电子能会降低阈值表面电势。由图 5.12（b）可知，在不同的入射电流情况下，平均放电辐照量 Q_{ADI} 基本保持不变。这表明，入射电流只与放电时间间隔成反比，在一定的入射能量情况下，累积的入射电荷量与放电阈值直接相关。由于在高能辐照条件下，二次电子产额对表面负电荷的影响较小，因此表面电荷的积累与辐照量成正比。当 PTFE 的电迁移率较低时，样品内部的传输过程并不显著。因此，入射电流几乎不会影响阈值表面电位。

假设表面电场不是影响放电过程的唯一因素。在这种情况下，阈值表面电势 12 keV 和 20 keV 的显著差异表明电子束辐照还带来了气体脱附等其他放电诱导。当入射电子轰击 PTFE 表面时，电子模拟解吸气体容易被入射电子电离，形成空间等离子体。低能量的二次电子降低了介质前面的空间电荷。发射出的低能量次级电子会与空间电荷相互作用，并由于空间电荷强度的减弱而中和一些净电荷。同时，在电场的作用下，发射的二次电子会与空间解吸气体和等离子体发生碰撞，使电子加速，促进倍增过程。因此，等离子体使表面放电击穿发生得更早。

5.2.3 电子轰击下的表面释气

考虑到放电表面电位与放电频率有明显的偏差，还需要研究电子束辐照下的气体解吸。为了得到电子束辐照下气体的解吸速率，用实验测量的气压来描述气体的解吸量。气体解吸和组分分析的现场测量设备如图 5.17（a）所示。将 PTFE 薄膜放置在平台上，平台与四轴传动轴相连。通过操作四轴传动轴，PTFE 薄膜可以被电子枪垂直照射。箱内装有真空计和残余气体分析仪。真空计的测量极限精度可达 10^{-11} Torr。利用热导法，真空计可以捕获分子量为 1~49 的气体组分。通过一套 3 级真空泵（机械泵、分子泵、钛升华泵），使腔室真空度保持在 10^{-8} Torr。在气体解吸测量时，真空泵的阀门同时关闭，因此首先要测试系统气体泄漏作为背景，如图 5.17（b）空载情况所示。另外，还需要计算出未经电子束辐照的 PTFE 的气体泄漏情况，图 5.17（b）所示为 PTFE 放置情况。为保证测量精度，总入射电流设置为 10 μA、20 μA 和 40 μA。由图 5.17（b）所示的辐照情况可知，腔室气压 P 随时间近似线性增大，可达到 10^{-4}~10^{-5} Torr，远大于系统气体泄漏和 PTFE 固有气体脱附。这表明可以合理地忽略背景泄漏。此时腔室气体压力 P 可表示为辐照次数 t 的线性函数，即

$$P = \frac{\left[R_{IR}(E_{PE}, J_{PE}) + R_{Leak}\right] \cdot t + c_0}{k(V)} \tag{5.7}$$

式中：R_{IR} 为电子束辐照诱导的气体解吸速率，与入射能量和电流有关；R_{Leak} 为系统气体泄漏率，它的值对于这个设备来说是相当低的；c_0 为初始值；$k(V)$ 为腔体容积相关系数。

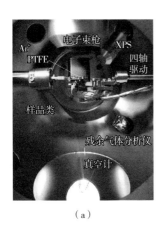

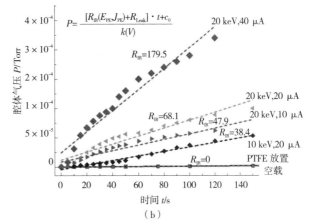

（a）

（b）

图 5.17　气体解吸测量设备及其随时间变化情况

（a）气体解吸和成分分析的测量设备；（b）不同辐照条件下气体解吸率随时间变化的情况

不同辐照条件下的 R_{Leak} 见表 5.1。在 $E_{PE} = 20$ keV、$I_{PE} = 10$ μA、20 μA、40 μA 时，电流从 20 μA 的 68.1 增加到 40 μA 的 179.5 时，R_{IR} 急剧增加。当入射能量为 10 keV 时，电流为 20 μA 时的 R_{IR} 甚至低于 20 keV、10 μA 时的 R_{IR}。这主要是由于 10 keV 电子束辐照不能诱发放电过程，从而减弱了气体解吸的促进作用。从本质上讲，气体的解吸主要与材料声子有关。在辐照和放电过程中，能量损失使更多的声子，一部分被吸附气体分子从表面脱离，范德华键断裂，而另一部分被吸附气体分解，共价键断裂。

表 5.1　不同辐照条件下 PTFE 的气体解吸速率 R_{IR}

情况		气体解析率 R_{IR}
PTFE 放置		$< R_{Leak}$
20 keV	40 μA	179.5
	20 μA	68.1
	10 μA	47.9
10 keV	20 μA	38.4

释放的气体成分可以用热导气体分析仪测量。为了获得准确的结果，每种情况下腔室的气体压力都要大于 10^{-7} Torr。图 5.18 显示了不同电子能量的结果解吸气体的组分。图 5.18（a）为聚四氟乙烯放置条件下的气体组分，图 5.18（b）为 100 eV 电子束辐照放置条件下的气体组分，图 5.18（c）为 1 keV 电子束辐照放置条件下的气体组分，图 5.18（d）为 10 keV 电子束辐照条件下的气体组分，图 5.18（e）为 20 keV 电子束辐照放置条件下的气体组分，图 5.18（f）为气体组分在不同辐照条件下的气体组分（BG：本底，LD：PTFE 加载）。本底情况下，室气主要由 H_2、H_2O、N_2 和 CO_2 组成。如图 5.18（a）和图 5.18（f）所示，当 PTFE 被放置在里面时，气体成分中 O_2、N_2 的比例增加。如图 5.18（b）~图 5.18（e）所示，当电子束从 100 eV 辐照增大到 20 keV 辐照时，CO_2 和 O_2 的组分都随着辐照电子能的增加而增加。C 原子的分量变得更加明显。其中，O_2 和 CO_2 峰可能来自气体的解吸，而 C 原子和 O 原子峰可能来自 PTFE 的分解。在 H_2O 和 F 原子重量相同的情况下，$M_{gas} = 18$ 处的峰可能是由 F 原子组成的。由图 5.18（f）可知，H_2O/F 在 200 eV 时达到最大值 34%，在 20 keV 时下降到 8%。同样，N_2 组分也呈现先增加后减少的趋势，在 1 keV 辐照能量时达到最大值 30%。

5.2.4 表面化学键与表面形貌

为了进一步研究电子束辐照对介质表面态的影响，还研究了化学键的演变和表面微观形貌。图 5.19 所示为 PTFE 表面 C1s 和 F1s 总能谱的 XPS 演变。图 5.17（a）所示的设备可以实时测量表面结合能谱，很好地避免了非设计的表面损伤自修复和再进入大气环境中再吸附所带来的影响。在这里主要关注 PTFE 的主导成键轨道的 C1s 峰和 F1s 峰。图 5.19 所示为聚四氟乙烯的 3 种状态，即电子束辐照、静息过程和 Ar^+ 离子刻蚀。电子束辐照过程包括 10 keV、10 min 和 20 keV、10 min 两种条件，经过 25 天的静息过程后，PTFE 被不同时间对应不同刻蚀深度的 Ar^+ 离子刻蚀。对于 F1s 光谱，与 10 keV 电子束辐照相比，20 keV 电子束辐照下谱峰位移更明显。由图 5.12（a）可知，电子束能量为 20 keV 时发生放电过程，可见放电过程对 C—F 键断裂有较大的促进作用。在沉默过程中，F1s 谱峰位置几乎保持不变，而在 Ar^+ 刻蚀下，F1s 谱峰位置向原始状态深入衰减。

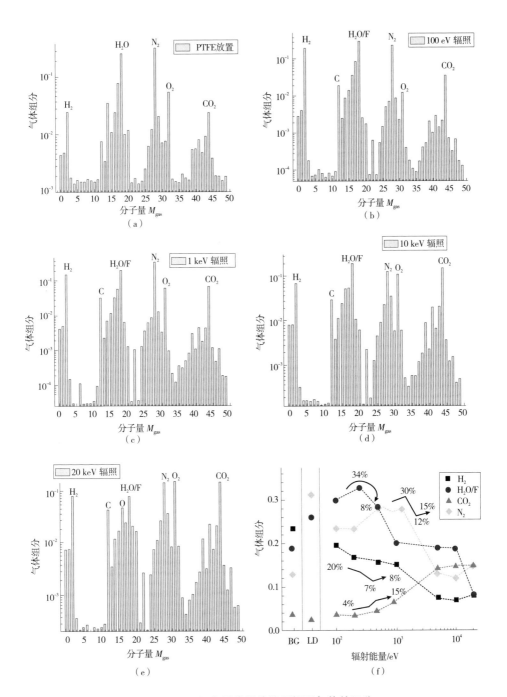

图 5.18　不同电子能量的结果解吸气体的组分

（a）PTFE 放置；（b）100 eV 电子束辐照；（c）1 keV 电子束辐照；（d）10 keV 电子束辐照；
（e）20 keV 电子束辐照；（f）不同辐照条件下的气体组成（BG：本底；LD：PTFE 加载）

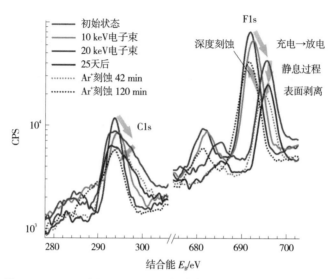

图 5.19 PTFE 表面 C1s 和 F1s 光谱的 XPS 演变（书后附彩插）

为了进一步分析表面化学态的演变，主要关注多峰拟合的 C1s 光谱，如图 5.20 所示。由于 C—C 谱与 C—F2 谱的结合能差异较大，所以 C1s 谱包括两部分，如图 5.20（a）所示。C—F * 谱（包括 C—F、C—F2 和 C—F3）为主导峰。在 10 keV 电子束辐照下，C—C 峰减小，C—F3 峰增大。在 20 keV 电子束辐照下，C—F * 谱进一步占优并变宽，这是因为高能电子束破坏了 C—C 键，然后交联过程产生了更多的 C—F3 键。与图 5.20（c）和图 5.20（d）相比，静置 25 天后，C1s 的多峰基本不变，说明电子束辐照损伤是不可逆的，自我修复过程较弱。

在一定的表面范围内，由于电子束辐照和表面放电的相互作用，化学状态损伤也呈现出深度变化。图 5.21 所示为 20 keV 电子束深度辐照后 XPS PTFE 的总和多峰拟合 C1s 谱。图 5.21（a）为纵深的总 C1s 谱，可以发现 C—O * 区域变宽变强，而 C—F * 区域变尖锐。从图 5.21（b）~（e）不同 Ar+ 刻蚀时间深度拟合 C1s 光谱（11 nm、38 nm、109 nm、197 nm）的多峰图中可以看出，C—O 和 C ═ O 峰在深度上变得更加明显（如图 5.2（d）：109.2 nm；图 5.2（e）：197 nm），而 C—F3 峰后退，C—F2 峰恢复。当深入几百 nm 时，20 keV 后 PTFE 的 C1s 光谱与图 5.21（b）中 10 keV 后的表面 C1s 光谱相似。

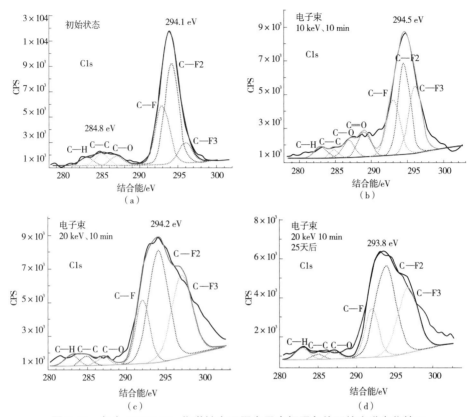

图 5.20　每个 PTFE C1s 化学键在不同电子束辐照条件下的光谱变化情况

（a）初始状态；（b）10 keV、10 min；（c）20 keV、10 min；（d）25 天后

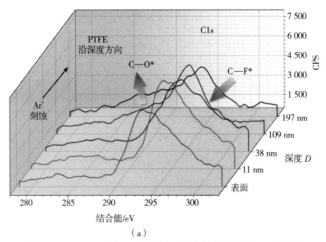

（a）

图 5.21　PTFE 经 Ar⁺刻蚀电子束辐照后的 XPS 光谱

（a）总 C1s 光谱

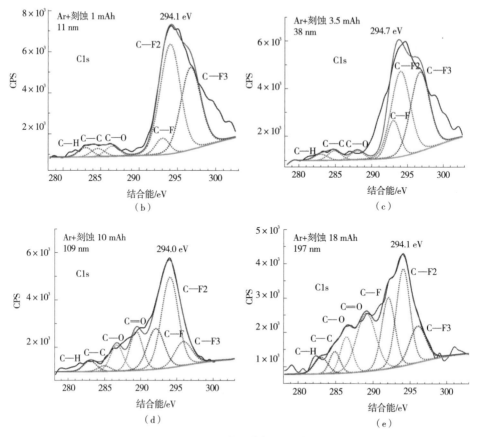

图 5.21　PTFE 经 Ar⁺刻蚀电子束辐照后的 XPS 光谱（续）

（b）11 nm；（c）38 nm；（d）109 nm；（e）197 nm

在局部辐照下，PTFE 样品的表面形貌会发生一定程度的变化。图 5.22 所示为 PTFE 经电子束辐照和 Ar⁺刻蚀后的表面形貌 AFM。20 keV 电子束辐照后，样品表面变得更加光滑，平均地形高度 dH_{mean} 从初始状态时的 172.74 nm 降低到 134.96 nm。考虑到电子束辐照很难直接改变表面形貌，这种平滑变化主要是由于电子非弹性散射和放电过程产生的加热效应。在 Ar⁺刻蚀时，表面平均起伏高度 dH_{mean} 仍增加到 372.48 nm，如图 5.22（c）所示。经过 Ar⁺冲击后，由于表面 C、F 原子的剥离作用，PTFE 表面出现许多空穴。因此，PTFE 上的 Ar⁺刻蚀在局部区域是不均匀的，通过 Ar⁺刻蚀，基于统计平均结果对 XPS 进行深入分析。

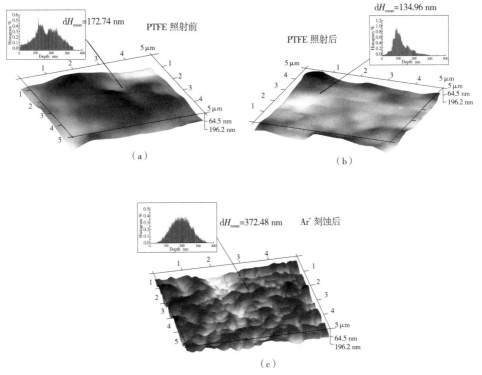

图 5.22　PTFE 经电子束辐照和原子力显微镜 Ar⁺刻蚀后的表面形貌

（a）初始状态；（b）20 keV 电子束辐照后；（c）Ar⁺刻蚀后

在非弹性散射过程中，与原子相互作用后，主电子能量沿碰撞路径损失。图 5.23 所示为 PTFE 内部一次辐照能量的能量损失分布。能量损失在表面方向（x）和深度（H）方向的二维分布与散射电子分布基本相似。能量损失主要集中在表面 5 μm 区域，能量损失峰值位置在深度 2 μm 左右。在非弹性散射过程中，100 eV 以下的能量损失占主导。当单次损耗能量大于 20 eV 时，损失谱占比呈指数衰减。

从图 5.23 可以看出，在几百纳米区域内的能量损失并没有呈现衰减趋势。PTFE 表面的化学状态损伤主要由放电过程主导，而电子束辐照过程可能引起内部损伤。PTFE 在 10 keV 电子束辐照下，其充电状态对应于无放电区域，如图 5.12 所示。图 5.21（d）和图 5.21（e）中 PTFE 在 20 keV 电子束辐照后的 C1s 光谱与图 5.20（b）中 10 keV 电子束辐照后的表面 C1s 光谱相似。表面放电过程导致 C—F2 峰向 C—F3 峰转变，形成 C 原子与 F 原子的交联过程。电子束

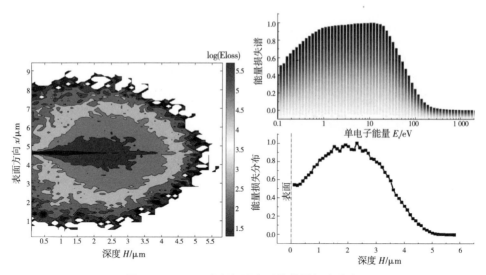

图 5. 23　PTFE 内部辐照电子的能量损失分布

辐照破坏化学键，形成更多的 C—O/C＝O 键，导致主键断裂。因此，在 10 keV 电子束辐照下，大量的游离氧原子被激发成为释放气体的组分。而在 20 keV 电子束辐照下，除了模拟的自由氧外，还激发自由 F 原子作为释放气体的组分，如图 5. 18 所示。这也说明释放的 F_2 气体主要来自 C—F 表面断口，而释放的 O_2 气体主要来自碰撞过程中内部杂质氧的活化。

由于表面充电状态和电子诱发气体解吸是表面放电的主要原因，本研究的结果可以为抑制表面放电的设计或材料提供一些建议。根据电介质内部的电荷分布，可以专门设计一种分层电极结构来抑制表面充电状态。该表面充电电势值仍可为电介质微带天线结构设计提供参考，以避免在高功率下工作时发生击穿。此外，考虑到 PTFE 具有较大的气体解吸率，较少的气体解吸膜涂层有助于抑制表面放电。最后，通过对充电面积和微波面积的综合评估，设计出一种既能降低充电状态又能实现更高信号辐射效率的特定结构。

本节通过模拟和原位实验研究了电子束辐照 PTFE 的放电特性和气体解吸机理。在不干扰表面放电电流路径的情况下，结合实验和模拟结果，获得了表面充电状态和放电电位。分析了原位电子束辐照和放电状态下的表面气体解吸、化学状态和形貌。本研究证明了以下结论。

（1）高能电子束辐照产生频率较高的表面放电，但入射能量不会小于某一数值（本书为 11 keV）。对于低电导率介质，入射电流的变化仅改变放电间隔时间，几乎不能改变放电辐照量。

（2）电子束辐照产生电子–空穴对形式的局域类似等离子体。在较高的电子束辐照条件下，放电阈值表面电位供应较低，且随入射能量的增加而迅速降低，特别是在低能条件下。

（3）气体解吸量随电子束辐照时间的增加近似线性增加。与未放电电子束辐照值为 10 keV 情况相比，放电电子束辐照值为 20 keV 情况下的气体解吸率显著增大。在 20 keV 电子束辐照下，PTFE 除吸附 O_2 和 CO_2 外，还可分解释放 C 原子和 O 原子。

（4）尽管高能电子很难直接改变 PTFE 表面形貌，但在 20 keV 电子束辐照下，由于放电过程中的加热作用，PTFE 表面形貌变得更加光滑，平均释放高度 dH_{mean} 从接收时的 172.74 nm 降低到 134.96 nm。

（5）纯电子束辐照会破坏化学键，形成更多的 C—O/C＝O 键，使对应的主键断裂，而表面放电过程导致 C—F2 峰向 C—F3 峰转变，形成 C 原子和 F 原子的交联过程。

第 6 章
二次电子发射的应用

本章将以航天器微波载荷在空间大功率状态下的二次电子倍增现象（即微放电）以及电子束显微成像为例，介绍二次电子发射的应用。

6.1 微放电效应

微放电效应是发生在两个金属表面之间或者是单个介质表面上的一种真空谐振放电现象。通常由部件中传输的射频电场激发，在射频电场中被加速而获得能量的电子，撞击表面产生二次电子而形成。典型的微放电现象有：①金属谐振结构中的双表面微放电；②单介质表面的微放电。金属双表面之间发生微放电的条件：电子平均自由程必须大于两个金属表面之间的间隙距离，并且两个表面之间的电子平均渡越时间必然是射频电场半周期的奇数倍；介质单表面发生微放电的条件：表面电荷产生的直流电场必须能够使电子加速返回到介质表面，从而能够产生二次电子。

航天器载荷系统中微放电主要发生在双表面金属结构中。其过程（图 6.1）为：从图 6.1（a）中可以看到，进入两板块之间的电子在射频场的正半周期中向上面的板加速。假设在电场通过零点时，电子击中上面的板，便产生二次电子（图 6.1（b）），并且在负半周中电子将加速回到下面的板（图 6.1（c））。这种过程不断地继续（图 6.1（d）~（f）），每次撞击时由于二次电子发生便释放比原来碰击板的电子更多的电子，这样便产生雪崩现象，直到出现稳态为止。此时产生电子的速率和损耗的速率相等。

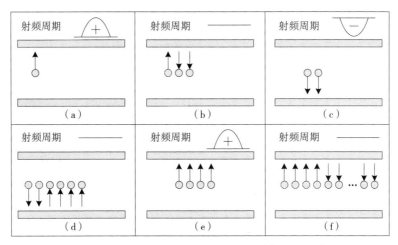

图 6.1　电子二次倍增在双表面金属结构中的电子"雪崩"过程

6.1.1　微放电仿真方法

轨迹追踪是微放电最常用的模拟方法，如美国开发的 ANALYST、西班牙马德里大学开发的 MEST 以及莫斯科工程物理研究所开发的 Multp 等。PIC 是对大量粒子组成的宏粒子进行实时、动态追踪的模拟方法，能够最直观地模拟物理现象。它是目前唯一可以研究任意复杂结构、多载波及微放电的非线性效应的模拟方法。欧空局（ESA）已经开发了基于 FDTD 和 PIC 的仿真模块的仿真软件 FEST。俄罗斯科学院应用物理研究所还提出了基于统计理论的快速模拟方法，通过对二次电子到达时间的概率密度的精确解析，从而得到二次电子发射相位的稳态分布和微放电阈值增长的通解。该方法计算速度较快，但只能用于计算平板结构的微波部件。在模拟技术及仿真软件的帮助下，电子的初始速率、方向及散射特性已经被加入微放电仿真研究中，并且使实验结果得到了合理的解释。

上面概括性地介绍了当前的一些微放电仿真模型的发展，简要分析了当前使用比较广泛的模拟方法以及每一种软件的算法。下面详细讨论几个微放电仿真模型。

1. 全波电磁仿真工具

全波电磁仿真工具（FEST）原本设计为电磁仿真工具，但是在最近几年加入了微放电建模的功能。这个模型首先是在 ESA 发展，在进行微放电仿真之前，第一次计算微波设备内部的场分布。相比于微波工作室，这个工具对场的计算更加准确且非常快。尽管 FEST 能计算矩形、圆形以及由矩形和圆形组成的任意形状，根据作者的微放电仿真经验，FEST 中只能够完成结构仿真。尽管 FEST 起初是为波导设计而开发，该工具背后的驱动力会利用先进的技术分析波导，如边缘积分谐振模式扩展。后来加入更多的微放电组件，这样的微放电仿真只能完成在 FEST 库中选择的结构，以评估场信息，分别模拟每一个电子轨迹，包括二次电子。

每一次碰撞，记录重要的参数，如撞击能量、入射角和撞击位置。尽管二次电子是击穿的主要原因，FEST 中微放电模拟引起的收敛域会随仿真中使用的初始粒子的数量而变化。发射的初始粒子的数量依赖于个别设备的几何结构及其场分布。FEST 能够模拟散射场，因此如果缝隙的高度与宽度之比大于 1，更多的电子沿着两壁之间的曲线路径加速而不是直线路径，这一行为极大地提升了击穿阈值，因为大功率必须驱动二次电子穿越间隙，也因为强场区域产生更多的电子而占用较长的通过时间。FEST 也能够模拟空间电荷的影响，击穿发生之后微波部件中变化的主要原因是击穿期间产生的空间电荷。通过结构繁殖空间电荷产生的场，造成入射功率被反射和一些其他非线性影响，如无源互调（PIM）影响。

FEST 可以通过粒子模拟模型计算空间电荷影响，通过空间电荷插入网格节点产生场并通过 FEST 加入场计算。总场用于计算电子运动的力，这个力对模拟空间电荷的影响具有非常重要的意义，能够关联仿真结果和实验参数，如评估测试设备击穿前后散射参数的变化以及噪声和谐波的产生。然而，FEST 只能模拟自己库中几何结构的击穿，仿真结果的收敛域在一定程度上通过初始粒子的数量确定。FEST 也没有考虑非弹性散射电子和弹性散射电子。

算法：粒子模拟、麦克斯韦分布。

优势：①仿真器可考虑空间电荷的影响并具有精细化边缘场分布。

②具有噪声和谐波分析功能。

不足：①仿真器只能预测 FEST 库中已有结构的微放电。

②收敛性取决于所选择的初级粒子的数量。

③没有考虑弹性散射和非弹性散射的电子。

2. ESA 微放电计算器

ESA 微放电计算器提供了对不同结构的微放电阈值的预测，如平行板和方轴传输线以及不同的表面材料（银和铝）。ESA 的曲线基于 Woode 和 Petit 开发的模型。由于 Woode 和 Petit 曲线与他们的实验数据图匹配，并被空间工业所接受，而成为欧空局的设计标准。然而，ESA 使用的图表基于均一场方法，因此对微放电击穿的预测也比较保守。换句话说，ESA 曲线通常低估了高功率射频设备所处理的功率容量，这也是为什么研究者们为空间工业开发更准确微放电模型的原因。

3. 微放电联合仿真软件（MSAT）

在本模型中，提出了基于 PIC 技术与全波电磁计算方法的三维自洽仿真方法。该方法可用于无源微波部件中描述微放电随时间演变的过程以及微放电阈值的预测。特定结构中的电磁场分布通过时域有限差分方法在离散网格中求解麦克斯韦差分方程得到。由电子运动产生的电荷和电流被加入麦克斯韦方程的源项，同时场量在每个时间步重新计算。基于粒子运动规律，只要定义了电子与场的初始条件，并给出电子运动与电磁场演变的基本物理规律的合适表达，电子将保持运动直到满足运算结束的条件或者是总的计算时间已经结束。包括以下几个步骤。

1）电子与场的初始化

首先，作为整个仿真的基础，需要建立无源器件的三维模型，并进行合适的网格剖分。对于本仿真方法而言，采用宏粒子模拟初始电子与二次电子。为了模拟真实环境，在空气网格中将初始电子随机分布。初始电子的动力学能量的取值范围为 0~10 eV，相位的取值范围为 0°~180°。由于初始电子在与金属表面碰撞时将消失，初始电子能量与相位的具体数值将不会影响微放电击穿阈值。决定微放电击穿阈值的因素为发射出的二次电子数目与状态。固定网格节点上的场幅度初始值设置为零。

2）电子与场的自洽作用过程

在完成初始电子与场分布初始化以后，提出了用以规范电子的运动与电磁场演变的自洽演变机制。首先，微波部件中的实际电磁场分布通过用 FDTD 方法数值求解麦克斯韦方程的差分形式得到。当网格剖分合理时，计算精度与数值效率可以得到保证。载波信号被预定义，同时在输入波端口的网格被激励。

然后，电子动力学由相对洛伦兹力方程决定。相对洛伦兹力方程的差分形式为

$$\frac{v^{n+1/2}-v^{n-1/2}}{\Delta t}=\frac{q}{m}\left(E^n+\frac{v^{n+1/2}+v^{n-1/2}}{2}\times B^n\right) \tag{6.1}$$

$$\frac{r^{n+1}-r^n}{\Delta t}=v^{n+1/2} \tag{6.2}$$

式中：n 为第 n 个时间步；q 为电子电荷；m 为电子质量。

特别地，在本仿真模型中运用粒子到网格插值与网格到粒子插值作为结合电子运动与磁场演变的关键方法。一方面，电子的运动由电磁力驱动。电磁场对电子的作用力可通过对网格节点上的电磁场值进行插值得到电子所在位置处的电磁场值。另一方面，由电子运动产生的电荷与电流作为新产生的源项，通过从电子所在位置处的电荷与电流的插值到网格节点上，被代入到网格节点上的电磁场方程中，对电磁场值进行重新计算。最后，在每个时间步长的计算结束时对场分量进行更新。在本模型中考虑电子间的互斥库仑力，提高了对微放电电子的模拟精度。

3）二次电子发射

在微波部件中，电子由电磁场力驱动，沿电磁场线方向运动，最终与金属壁碰撞。当碰撞发生时，撞击出的二次电子的状态最终决定了微放电电子雪崩效应是否发生。在本模型中，金属边界的二次电子发射系数由 Vaughan 推导的经验公式描述。取决于碰撞能量 $E_i = mv^2/2$ 与碰撞角度 θ，二次电子发射系数 δ 通过 Vaughan 提出的经验公式计算得到，即

$$\delta=\delta_{\max 0}\left(1+\frac{k_s\theta^2}{2\pi}\right)(we^{1-w})^k \tag{6.3}$$

$$E_{\max}=E_{\max 0}\left(1+\frac{k_s\theta^2}{2\pi}\right) \tag{6.4}$$

式中：$w=E_i/E_{\max}$，当 $w<1$ 时 $k=0.62$，当 $w>1$ 时 $k=0.25$；k_s 为金属表面的粗糙度；$\delta_{\max 0}$ 和 $E_{\max 0}$ 为由金属材料决定的垂直入射情况下的二次电子发射参数。

4) 微放电击穿阈值获取

经过几百个时间步的计算以后，记录一定场强条件下电子数目随时间的变化。当微放电雪崩效应发生时，电子在金属缝隙之间以谐振形式运动，电子数目呈指数增长。因此，将导致谐振稳态的功率水平作为微放电击穿阈值的判断标准是合理的。在电子达到谐振稳态时，电子数目保持波动平衡。

由于微波部件的输入功率可以通过改变输入载波信号加以改变，对不同功率水平下电子数目随时间的演变趋势进行比较，可以判断得到微放电击穿阈值的功率水平。

6.1.2 微放电动态过程分析

平板结构是研究二次电子倍增的经典结构，本书基于图 6.2 所示的平板结构对电子轨迹进行简单的分析，以此类比仿真软件对特殊结构微波部件的微放电仿真粒子轨迹追踪过程。给出平板结构之间的电场分布为

$$E_y = E_0 \sin(\omega t + \varphi) \tag{6.5}$$

电子在电磁场中的加速度以及所受的力可以通过牛顿定律和洛伦兹定律得到，即

$$\boldsymbol{a} = \frac{\boldsymbol{F}}{m} \tag{6.6}$$

$$\boldsymbol{F} = q[\boldsymbol{E} + \boldsymbol{v} \cdot \boldsymbol{B}] \tag{6.7}$$

对于小间隙的平板结构，一般不考虑磁场对电子运动的影响，因此电子只在 y 方向具有加速度，y 方向的速度可以表示为

$$v_y(t) = \int_0^t a_y \mathrm{d}y = \frac{qE_0}{m} \int_0^t \sin(\omega t + \varphi) \mathrm{d}t = \frac{qE_0}{m\omega} [\cos\varphi - \cos(\omega t + \varphi)] + C \tag{6.8}$$

令 $t = 0$，式 (6.8) 中的常数 C 为

$$C = v_y(t=0) = v_{0y}$$

因此，在平板结构之间的电磁场中，电子的速度可以表示为

$$[v_x(t), v_y(t), v_z(t)] = \left[v_{0x}, \frac{qE_0}{m\omega} [\cos\varphi - \cos(\omega t + \varphi)] + v_{0y}, y_{0z} \right] \tag{6.9}$$

在 xOz 平面内没有电场分布，这些方向的速度保持初始状态不变，对于任意时刻 t，电子的位置可以表示为

$$s_y(t) = \int_0^t v_y(t)\,\mathrm{d}t$$

$$= \frac{qE_0}{m\omega}\int_0^t \cos\varphi\,\mathrm{d}t - \frac{qE_0}{m\omega}\int_0^t \cos(\omega t + \varphi)\,\mathrm{d}t + \int_0^t v_{0y}(t)\,\mathrm{d}t \qquad (6.10)$$

$$= \frac{qE_0}{m\omega}t\cos\varphi - \frac{qE_0}{m\omega^2}\big[\sin(\omega t + \varphi) - \sin\varphi\big] + v_{0y}t + s_{0y}$$

式中：$\boldsymbol{s}_0 = [s_{0x}, s_{0y}, s_{0z}]$ 为电子在 t_0 时刻的位置，因此电子在任意时刻 t 的位置可以表示为

$$s_x = v_x t + s_{0x} \qquad (6.11)$$

$$s_y = \frac{qE_0}{m\omega}t\cos\varphi - \frac{qE_0}{m\omega^2}\big[\sin(\omega t + \varphi) - \sin\varphi\big] + v_{0y}t + s_{0y} \qquad (6.12)$$

$$s_z = v_z t + s_{0z} \qquad (6.13)$$

这里仅仅是针对平板结构中电子运动轨迹的一个简单建模，考虑到窄间隙而忽略了磁场对电子运动的影响。但是对于高阶微放电，电子在平板之间的运动时间比较长，必须考虑磁场的影响，这种情况下磁场的存在会对电子的运动轨迹、电子的入射角度等均存在较大的影响。另外，本书只介绍了结构比较简单的平板结构，可以得到较为简单的解析结果，而对于复杂的微波部件，解析计算相对复杂。

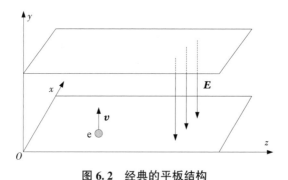

图 6.2　经典的平板结构

上述内容主要推导平板之间电子的运动轨迹，追踪电子的运动轨迹是微放电仿真过程中必不可少的环节。仿真的最终目的是在设计微波部件的过程中预估微波部件的微放电阈值、阈值电压或阈值功率，因此需要对微波部件的阈值电压进

行简单分析，分析微放电阈值的影响因素，进而有针对性地研究微波部件的微放电阈值。

这里以平板结构为例，对阈值电压进行简单分析。可以得到电子在 y 方向运动速度的表达形式，即

$$v_y(t) = \frac{qE_0}{m\omega}\left[\cos\varphi - \cos(\omega t + \varphi)\right] + v_{0y} \tag{6.14}$$

发生微放电必然产生电子谐振，即满足条件

$$t = (2n-1)\frac{1}{2f} \quad n = 1,2,3\cdots \tag{6.15}$$

则有

$$v_y = \frac{2qE_0}{m\omega}\cos\varphi + v_{0y} \tag{6.16}$$

满足谐振条件时，电子的运动轨迹满足

$$s_y = \frac{qE_0}{m\omega}\frac{2n-1}{2f}\cos\varphi - \frac{qE_0}{m\omega^2}\left[\sin\left(\frac{2n-1}{2f}\omega + \varphi\right) - \sin\varphi\right] + \frac{2n-1}{2f}v_{0y} + s_{0y} = d \tag{6.17}$$

从而得到渡越方程，即

$$d - s_{0y} = \frac{qE_0}{m\omega^2}\left[(2n-1)\pi\cos\varphi + 2\sin\varphi\right] + \frac{\pi}{\omega}(2n-1)v_{0y} \tag{6.18}$$

相应地，可以得到间隙之间的电场强度，即

$$E_0 = \frac{m\omega^2(d-s_{0y}) - (2n-1)m\omega\pi v_{0y}}{q\left[(2n-1)\pi\cos\varphi + 2\sin\varphi\right]} \tag{6.19}$$

可以得到最终的阈值电压为

$$U = E_0 d = \frac{m\omega^2 d(d-s_{0y}) - (2n-1)m\omega\pi v_{0y}}{q\left[(2n-1)\pi\cos\varphi + 2\sin\varphi\right]} \tag{6.20}$$

由上述阈值电压公式可以看出，阈值电压 U 与电子的初始出射速度 v_{0y} 密切相关，初始出射速度 v_{0y} 越小，阈值电压越大。一般情况下认为电子能量只有动能，即 $E = \frac{1}{2}mv^2$。因此，电子的出射速度分布间接反映了电子的能量分布，阈值电压与出射速度密切相关，也必然与出射电子的能量分布密切相关。

6.1.3 二次电子对微放电的影响

微放电阈值是指微波部件所能传输的最大功率，且不至于影响微波部件的性能和工作稳定性。微放电实验测试在密闭的真空环境中完成，所以微放电实验过程中的现象很难进行测试和观察。而数值模拟是在大量的实验现象、实验结果和理论分析、计算基础上进行的，因此实验现象难以观测，必然加大数值模拟的难度。

研究微放电，二次电子发射理论是基础，微放电也可以形象地表述为二次电子倍增现象，即微放电的形成是多次二次电子发射累积之后的效果。单次二次电子发射过程就包含非常复杂的物理过程，研究微波部件的微放电，初始电子一般为游离于微波部件内的电子、离子等。当微波部件进入工作状态，内部必然存在射频场，游离的电子在射频场的作用下开始运动，与微波部件壁发生碰撞并产生二次电子，完成首次二次电子发射；出射的二次电子同样会受到射频场的作用，再次与微波部件壁发生碰撞，产生新的二次电子；如此循环，当微波部件二次电子不断累积并呈指数式增长，即形成微放电效应（图6.3）。如果对这个过程进行细化分析，出射电子入射到微波部件壁时，入射电子的角度、能量以及入射点的位置均会对二次电子的出射产生影响；出射的二次电子在空间中所处的场分布、出射点的位置、出射角度、出射能量等决定了二次电子的运动轨迹以及二次电子与微波部件壁发生碰撞点的位置、碰撞时的入射角度和能量等，这再次决定了二次电子产生新二次电子的一些物理特征。这是一个不断循环的过程，但是在每一个单循环中必须考虑入射点材料的二次电子发射系数和能谱分布以及角度对两者的影响，只有这些量已知的前提下才能预测入射电子产生二次电子的特性。二次电子发射只是微放电过程中的一个小循环，微放电是多次二次电子发射过程叠加的效果，所以对二次电子发射特性的研究是深入探索微放电的基础。

1. 阻抗变换器

双边放电是微放电研究中的经典问题之一，而在双边放电研究中，阻抗变换器又是比较经典且存在窄间距的微波部件。本部分内容采用通带频率较高的阻抗变换器，这样整体结构比较小，既可以有效降低生产成本，又可以达到微放电研究的目的。

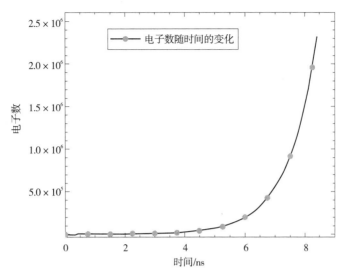

图 6.3　微放电过程中的电子数呈指数式增长

1）结构及尺寸

微波部件设计的详细过程这里不作详细叙述，只直接给出阻抗变换器的结构尺寸，如图 6.4 所示，最窄区域的间距仅为 0.32 mm。图 6.5 所示为对应的模型结构。

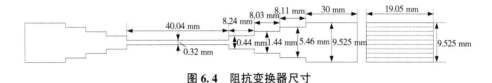

图 6.4　阻抗变换器尺寸

图 6.5　阻抗变换器结构

2）电性能仿真

微放电实验的前提是微波部件的电性能比较好，微放电测试系统非常灵敏，反射功率对微放电测试系统具有严重的影响，因此必须保证测试微波部件本身在测试频率范围内具有良好的传输特性。图6.6是阻抗变换器的S_{11}和S_{21}仿真结果，图6.7是阻抗变换器对应的场分布。

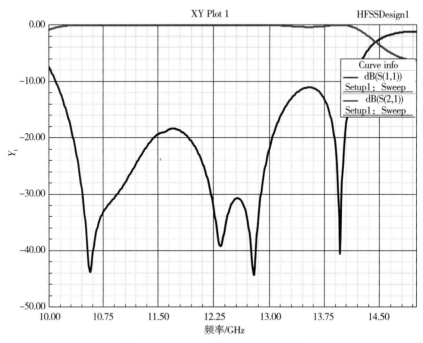

图 6.6 S_{11}和S_{21}幅频特性仿真曲线

图 6.7   场分布

3）微放电联合仿真软件的阈值仿真分析

MSAT 软件的仿真过程与前面介绍的商业软件一个最大的差异就是网格剖分。商业软件大多是自适应网格剖分，而 MSAT 还必须进行手动剖分，虽然手动剖分可以根据微波部件的结构进行有针对性的剖分，提高仿真速度和仿真精度，但是剖分效率比较低。MSAT 软件手动进行网格剖分之后的结果如图6.8所示。

图 6.8　网格剖分

　　另外，MSAT 软件可以观察微波部件窄间隙内的电子累积，如图 6.9 所示。可以得到电子累积的变化趋势，如图 6.10 所示，以及预估微放电阈值的电子增长趋势，如图 6.11 所示。

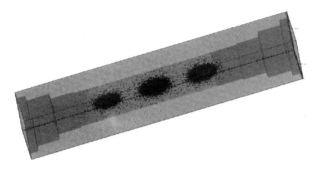

图 6.9　电子累积

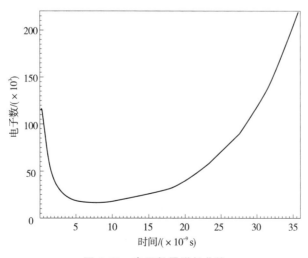

图 6.10　电子数量增长曲线

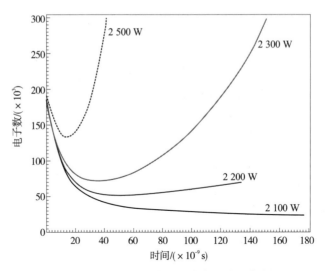

图 6.11　不同输入功率下的电子增长曲线

综上分析，MSAT 软件的算法与当前的商业软件存在一些差异，但其他微放电仿真过程以及判断发生微放电与否均与商业软件类似。MSAT 软件一个巨大的优势在于代码开源，可以将自己推导得到的二次电子发射模型写入 MSAT 软件之中进行研究，提升了研究的灵活性。

2. 金属三工器

设计 TM 模金属三工器，实现三工器的指标如下。

通道 1，1.525 GHz±25 MHz；

通道 2，1.635 GHz±25 MHz；

通道 3，1.745 GHz±25 MHz；

回波损耗，小于−20 dB；

插入损耗，小于 1.2 dB；

通道间隔离，大于 20 dB。

总体设计模型如图 6.12 所示。

三工器的总体模型为长方体，仿真三工器的 S 参数，如图 6.13 所示。

从图中可以看出，该三工器电性能良好。从图 6.12 中的仿真模型可以看出，馈电端的馈电柱和公共端的顶面距离盖板很近，是很容易发生微放电的地方。

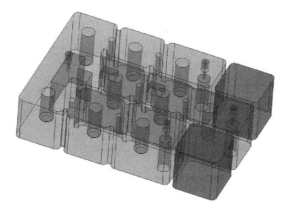

图 6.12　金属三工器总体仿真设计模型

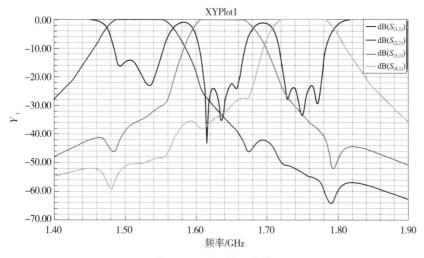

图 6.13　三工器 S 参数

为了提升微放电阈值仿真结果与实验测试的一致性，通过对三工器的铝合金镀银样品和 ZNT-45 陶瓷样品样片进行测试，得到样片的二次电子发射特性。采用粒子模拟方法，对金属三工器的微放电过程进行动态实时模拟，通过对微放电初始形成过程的模拟，获得 3 个频率下的微放电阈值，揭示了微放电形成过程的物理图像。

首先模拟了 1.525 GHz 下金属三工器的微放电形成过程，图 6.14 所示为微放电形成的电子在金属三工器空间的演变过程，可以看出在 1.525 GHz 频率下，微放电首先发生在通道 1 内，随着时间推进或者功率增大，公共端附近的电子聚集倍增，也是一个潜在的放电区域，在设计过程中也需要注意。通过多次模拟，获得 1.525 GHz 频率下的微放电阈值为 205 W。

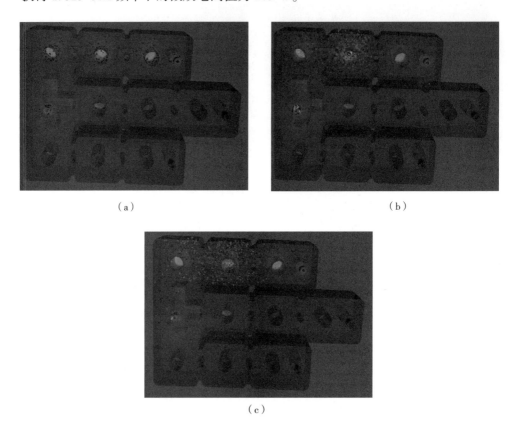

（a）　　　　　　　　　　　　　　　　　（b）

（c）

图 6.14　金属三工器 1.525 GHz 下微放电时电子的演变过程

（a）2 ns；（b）25 ns；（c）35 ns

　　然后模拟了 1.635 GHz 下金属三工器的微放电形成过程，图 6.15 所示为微放电形成的电子在金属三工器空间的演变过程，可以看出在 1.635 GHz 频率下，电子运动被限制在通道 2 内，当功率达到 322 W 时微放电首先发生在公共端，但通道 2 内也有电子聚集，是一个潜在的放电区域，在设计过程中需要注意。通过多次模拟，获得 1.635 GHz 频率下的微放电阈值为 322 W。

　　最后模拟了 1.745 GHz 下金属三工器的微放电的形成过程，图 6.16 所示为微放电形成的电子在金属三工器空间的演变过程，可以看出在 1.745 GHz 频率下，电子主要在通道 3 内运动，当功率达到 582 W 时微放电发生在公共端。通过多次模拟，获得 1.745 GHz 频率下的微放电阈值为 582 W。

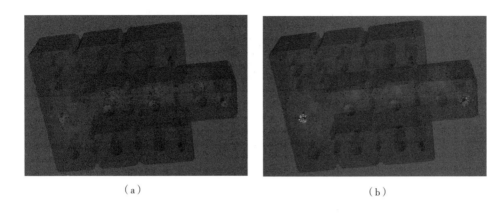

图 6.15　金属三工器 **1.635 GHz** 下微放电时电子的演变过程

（a）2 ns；（b）20 ns；（c）50 ns

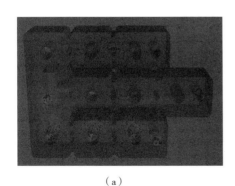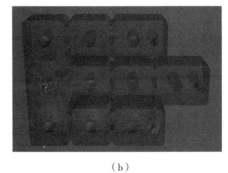

图 6.16　金属三工器 **1.745 GHz** 下微放电时电子的演变过程

（a）2 ns；（b）30 ns

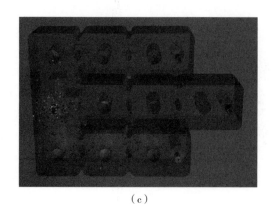

（c）

图 6.16　金属三工器 1.745 GHz 下微放电时电子的演变过程（续）

（c）50 ns

6.2　显微成像中的二次电子

6.2.1　二次电子成像的应用

随着二次电子发射研究的进展，二次电子发射在各个领域得到了广泛的应用。目前，二次电子发射被应用于核物理探测用的倍增器、图像倍增器、扫描电子显微镜和表面物理分析仪器等。

1. 扫描电子显微镜

电子束入射到材料表面后，电子与材料物质相互作用会产生透射电子、弹性散射电子、二次电子、背散射电子、能量损失电子、吸收电子、X 射线、俄歇电子、阴极发光等各种携带材料信息的信号，电子显微镜就是利用这些信息来对样品进行形貌观察、成分分析和结构测定的。作为电子显微镜的主要类型之一的扫描电子显微镜（SEM，简称扫描电镜）已得到普遍应用。

扫描电镜的原理是利用聚焦得非常细的电子束在样品表面扫描，激发出各种物理信息，通过对这些信息的接收、放大和显示成像，获得测试样品表面形貌等特征。扫描电镜的原理如图 6.17 所示，由阴极电子枪发出的直径为几十纳米的电子束，经栅极静电聚焦，在 2~30 kV 的加速电压下，经过 2~3 个电磁透镜所组成的电子光学系统，电子束会聚成孔径角较小，束斑为 5~10 nm 的电子束，并在试样表面聚焦。在末级透镜上方扫描线圈产生的磁场作用下，电子束按照一定的空间顺序与频率在样品表面做光栅式扫描。由于入射电子与样品材料的相互作用，从样品中激发出信号（如二次电子）并被检测器收集，经放大后用来调制荧光屏的亮度。由于经过扫描线圈上的电流与显像管相应偏转线圈上的电流同步，因此，试样表面任意点发射的信号与显像管荧光屏上相应的亮点一一对应。扫描电镜采用这种逐点成像的方式，光点成像的顺序是从左上方开始到右下方，直到最后一行右下方的像元扫描完毕就算完成一帧图像，通过同步调制显像管亮度，得到反映试样表面形貌的二次电子像。

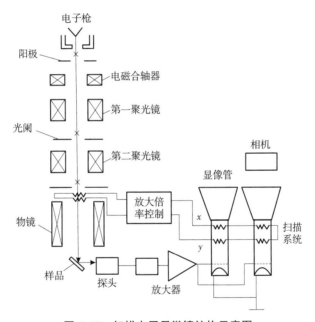

图 6.17　扫描电子显微镜结构示意图

扫描电镜具有较大的景深和较高的分辨率，因此能得到非常清晰的样品结构图像。扫描电镜的样品尺寸可以很大（数毫米×数毫米），试样制备简单；有较高的放大倍数，2 万～20 万倍之间连续可调，适用于对各种样品进行观察分析。

2. 扫描电镜图像的衬度

在扫描电镜中，常用的成像信号是二次电子和背散射电子，二次电子的发射局限于电子束轰击区域附近非常小的体积内，主要反映试样表面 10 nm 层内的状态，因而可以获得分辨率相当高的图像。扫描电镜常用的几种成像衬度模式包括形貌衬度、成分衬度、电压衬度等，下面进行简要说明。

1）形貌衬度

二次电子发射系数受到入射电子束与样品表面倾斜角度的影响，因此二次电子像可以反映样品表面的形貌特征。这种像的衬度是形貌衬度，形貌衬度是最常用的成像模式之一。

表面光滑平整、无形貌特征的样品倾斜放置时，二次电子发射电流比水平放置时大，但仅增加像的亮度而不形成衬度。对于表面有一定形貌的样品，其形貌可看成由许多不同倾斜程度的面构成的凸尖、台阶、凹坑等细节组成，这些形貌细节的不同部位发射的二次电子个数也不同，从而产生形貌衬度，它反映了样品表面的凹凸起伏和几何形貌。形貌衬度形成主要决定于样品表面相对于入射电子束的倾角。

对扫描电镜而言，入射电子的方向是固定的，但由于试样表面凹凸不平，导致电子束对试样表面的入射角不同。如图 6.18 所示，设 α 为入射电子束与试样表面法线的夹角，试样中 A、B 两个平面，对应的入射角 α 是不同的。对光滑试样表面，本征二次电子的产额 $\delta \propto 1/\cos\alpha$。$\alpha$ 越大，本征二次电子产额 δ 越高，背散射电子反射系数 η 也越高。

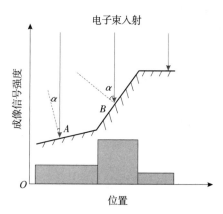

图 6.18　二次电子成像信号强度与入射角度相关

由于二次电子能量小，用探测器探测时，只要在收集极上加 250 V 正电压，即可把二次电子吸引过来，当探测器置于试样上方时，探测器也能接收一部分背散射电子，在这种情况下，二次电子像中也包含一部分背散射电子信息。故而在不同形貌区域，扫描电镜探测器接收到的二次电子和背散射电子数量也不同，从而图像上的亮度也不同。例如，在图 6.18 中，A 区的入射角比 B 区小，A 区接收到的二次电子和背散射电子更少，所以反映在图像上就是 A 区比 B 区更暗，从而将样品的形貌衬度表现出来。

因此，形貌衬度的原理即为调制图像的二次电子信号强度是样品表面倾斜角的函数，样品表面微区形貌差别实际上就是各微区表面相对于入射电子的倾角不同，电子束在样品上扫描时任何两点的形貌差别表现为信号强度的差别，从而在图像中形成表面形貌的衬度。

由于二次电子像分辨率高、无明显阴影效应、场深大、立体感强，是扫描电镜的主要成像方式，它特别适用于粗糙表面的形貌观察。在集成电路的制造工艺中，利用形貌衬度可进行光刻中的条宽、孔径分析，腐蚀后的横向分析，电路的形貌分析以及各种膜厚、结深的剖面分析；形貌衬度还可用于测量临界尺寸、进行版图对准。

图 6.19 所示为利用 CD-SEM 获得的在硅衬底上刻蚀的 16 nm 线，其间距为 176 nm，以及 45 nm 孔的二次电子像，图像清晰地呈现了刻蚀的形貌特征，图像中样品突起或沟槽的边缘亮度比较大[104]。

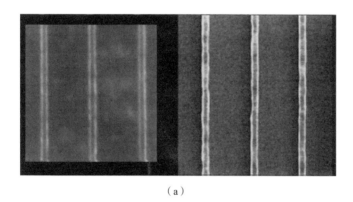

（a）

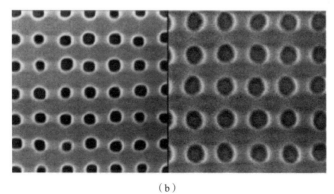

（b）

图 6.19　利用 CD-SEM 获得的在硅衬底上刻蚀的 16 nm 线及其二次电子像

（a）硅衬底上刻蚀的 16 nm 的线（其间距为 176 nm）；（b）45 nm 的孔的二次电子像[104]

2）原子序数衬度

原子序数衬度也叫作成分衬度。利用对样品表面原子序数或化学成分变化敏感的物理信号进行成像，可以得到成分衬度图像[105]。对于表面光滑无形貌特征的样品，当样品由单一元素构成时，电子束扫描到样品上各点时产生的信号强度是一致的，得到的图像中不存在衬度，而当样品由原子序数不同的元素构成时，则在不同的元素上方产生不同的信号强度，因此形成衬度。

图 6.20 所示为二次电子发射系数与材料原子序数 Z 的关系。不同原子序数的物质由于核外电子数目不同以及电离能的差别，导致二次电子发射系数和原子序数有一定的关系，而且不同的原子序数对背散射的发射系数也有较显著差异，而背散射电子也会产生二次电子。

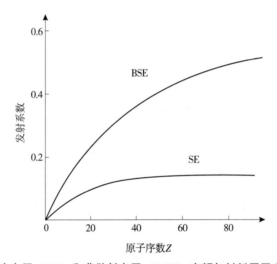

图 6.20　二次电子（SE）和背散射电子（BSE）产额与材料原子序数 Z 的关系

由图 6.20 可知，二次电子发射系数在总体上随着原子序数的增大而增加。在 $Z<20$ 时，二次电子发射系数随着原子序数 Z 的增加也有所增加；当原子序数 $Z>20$ 时，二次电子发射系数基本上不随原子序数变化，只有 Z 小的元素的二次电子发射系数与试样的组分有关。所以，二次电子通常情况下用于观察表面形貌，而不用于观察成分分布；仅在原子序数较低或差异较大时，通过二次电子能看出原子序数衬度。

背散射电子发射系数随着原子序数 Z 的增大而明显增大，在进行分析时，试样中原子序数较高的区域可以发射出比原子序数较低区域更多的二次电子和背散射电子。由于背散射电子对原子序数的敏感度都始终比二次电子高得多，所以在进行成分分析时，背散射电子使用更为广泛。在实验条件相同的情况下，背散射电子信号的强度随原子序数增大而增大，在样品表层平均原子序数较大的区域，产生的背散射信号强度较高，图像中相应的区域显示较亮的衬度，而样品表层平均原子序数较小的区域则显示较暗的衬度。因此，不同区域衬度的差别，反映了样品相应不同区域平均原子序数的差异，据此可定性分析样品微区的化学成分分布。

在原子序数 Z 较小或者 Z 相差很大时，二次电子还能够表现出较好的原子序数 Z 衬度。如图 6.21 所示，左图是碳银混合材料的 SE 像，碳的原子序数很小，而银的原子序数较大，两者的二次电子产额依然有较大的差异，所以可以很容易地从二次电子图像上来区分出碳和银。而右边背散射电子图像的成分衬度更加明显，不过其表面细节却不如二次电子图像。

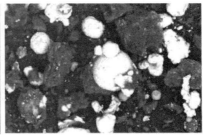

图 6.21　碳银混合材料的 SE、BSE 图像

3）电介质的带电效应及电位衬度

当电子束轰击到材料表面上，只有电子束能量为第一临界能量或第二临界能量时，二次电子发射系数才为 1，此时入射电子和二次电子数量相等，如果电子束能量不满足这个条件，对于不导电或者导电不良、接地不佳的样品来说，多余的电荷不能导走，在电介质样品表面会形成电荷积累，产生一个静电场干扰入射电子束和二次电子的发射，引起带电效应。在扫描电子显微镜成像与检测、电子束探针微分析、电子束曝光技术等领域，样品的带电会影响成像、检测和微细加工的精度。这种带电效应在低能电子束装置中可得到抑制，但无法被彻底消除。

另外，电子束照射的带电效应可形成特殊的衬度，具有可利用的前景，如通过扫描电镜可以观测到带电介质样品的表面和埋层微结构。

（1）电介质的带电及其效应。

在早期的 SEM 研究中已经发现，电子束照射电介质样品的带电会造成图像扭曲、失真，形成赝像，影响成像和检测的精度。带电效应会对图像产生以下一系列的影响。

①图像衬度异常。在 SEM 的成像中人们发现，绝缘物表面电位的微小变化也可以引起图像亮度的明显变化。在不同的入射电子能量情况下，由于二次电子发射系数可能大于 1 或小于 1，介质表面带电的极性不同，分为正带电和负带电，对二次电子发射的影响不同，造成图像一部分异常亮，一部分变暗，如果样品带电表面电位排斥更多的二次电子离开样品，会导致二次电子产额增大，对应的图像亮度异常增大。

有的情况下表面带电甚至引起图像衬度的反转。图 6.22 所示为氧化铝样品表面金属 Sb 颗粒的 SEM 图像，其中入射电子能量分别为 2 keV、25 keV。入射能量为 25 keV 时，由于氧化铝带电，其 SEY 由小于 1 逐渐增至 1，但始终大于 Sb 的 SEY，因此 Sb 颗粒比氧化铝衬底暗；入射能量为 2 keV 时，氧化铝的 SEY 由初始时大于 1 逐渐降为 1，而 Sb 的 SEY 大于 1 且不发生变化，因此图像中 Sb 颗粒较亮。在不同的入射电子能量条件下，表面带电引起的 SEY 的变化，最终导致 Sb 颗粒与背景氧化铝之间衬度的反转[107]。

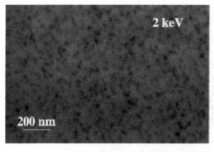

图 6.22　氧化铝样品表面 Sb 颗粒的 SEM 图像[107]

②图像畸变和漂移。在样品表面电位所形成的局部静电场的作用下，如果入射电子束往某个方向偏转，会形成图像漂移；如果入射电子和出射二次电子轨迹

被静电场不规则偏转，还会造成扫描电镜图像的扭曲、畸变。不同的入射电子束能量会导致出现不同程度的假像。图 6.23 所示为 100 μm 宽的 Teflon 薄片的 SEM图像，图 6.23（a）所示为照射初始时刻的图像，图像中未出现扭曲，图 6.23（b）所示为电子束照射 21 s 时的图像，图像中样品上的划痕线条以及 Teflon 边缘由于样品的带电出现图像扭曲[108]。

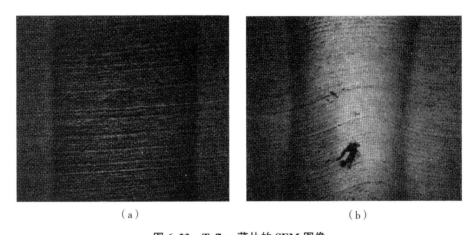

（a）　　　　　　　　　　　　　　（b）

图 6.23　Teflon 薄片的 SEM 图像

（a）照射初始时刻的图像；（b）照射 21 s 时的图像[108]

③图像镜像。随着介质表面负带电程度的增加，表面电位会引起入射电子束能量的降低，引起着地点的偏移。在非常强的负带电情况下，入射电子被大角度偏转，如果轰击到样品室的其他位置，如侧壁上，并在此激发二次电子，样品表面充当"静电镜子"的作用，二次电子收集极收集到的二次电子成像信号就形成了真空室的形貌图像。在有的情况下，出射的二次电子在样品带电形成的强电场作用下被加速并轰击到真空室其他部位，产生新的二次电子信号被收集极收集，形成真空室的形貌图像并叠加在样品表面图像上，也产生镜像效应。图 6.24 所示为氧化铝球形样品的 SEM 图像，样品经 20 keV 电子束照射，表面带电达到饱和后，进行扫描成像，由于氧化铝表面的负电位非常强，产生的静电场足以排斥入射电子，使扫描电子束轰击在真空室其他位置而非样品表面，因此图像中清晰地呈现了 SEM 真空室的内部影像，1 为 SiLi 探测器，2 为二次电子收集器，3 为电子枪输出光阑，4 为螺孔，形成了 SEM 真空室的二次电子形貌图像[109]。

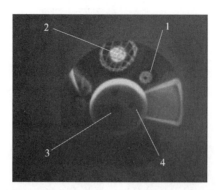

图 6.24　SEM真空室的镜像图像[109]（为一均匀的氧化铝球形样品）

④亮点与亮线。带电绝缘物样品表面经常会发生不规则局部放电，使图像中出现不规则的亮点与亮线，形成放电伪影，即在时间或空间上与样品没有明显关系的零星亮光信号。

（2）介质的带电衬度。

尽管电介质带电在通常的成像模式中是一种有害的干扰因素[110-111]，但另一方面，人们发现电介质带电会产生一定信息的激励机制，对带电现象加以应用，可获得在不带电时得不到的信息，于是开始探索如何有效利用电介质样品的带电效应进行某些信息的观测。带电衬度就是基于电介质样品带电效应产生的扫描电镜图像衬度。带电样品的表面电位不仅可用来形成反映样品表面信息的二次电子图像衬度，而且可以形成反映绝缘样品内部微结构信息的衬度，这种电压衬度在扫描电镜中有着广泛的应用。

样品表面的电位变化引起到达收集极的二次电子成像信号电流的差异，所以在二次电子图像上会形成明暗不同的衬度，如半导体的 PN 结、加偏压的集成电路等，这些局部电位的差异会影响二次电子的轨迹和强度。二次电子在正电位或高电位区域好像被拉住不易逸出，故在正电位区域二次电子产额较少，在图像上较暗；相反在负电位或低电位区域，二次电子易被推出，产额较高，在图像上较亮，这就是电位衬度。

扫描电镜带电衬度在微纳电子器件领域有着广泛的应用，相关的研究报道很多，可以用这样的电位衬度来研究材料和器件的工艺结构、芯片的缺陷定位等。例如，在半导体芯片某些特殊位置易产生断路、短路或者其他异常，这些位置往往并不在样品表面，此时无论是表面的形貌衬度还是原子序数衬度均发挥不了太大的作用。而用电子束扫描样品表面一段时间，如果芯片内部存在缺陷，缺陷对应的表面位置的电位可能会和周围不同，进而从图像上表现出明显的亮点或暗点。通过此种方法，可以快速获取芯片缺陷的位置信息。

图 6.25 所示为表面覆盖绝缘层的 PN 结的二次电子图像，图 6.25（a）所示为使用传统的扫描电镜得到的图像，只显示表面的形貌，而图 6.25（b）所示为同一区域在相同放大倍数下，利用表面带电得到绝缘层以下的结构图像，图像清楚地显示了样品表面下的微观结构[112]。

图 6.25　表面覆盖绝缘层的 PN 结的二次电子图像

（a）使用传统的扫描电镜得到的表面形貌图像；

（b）同一区域在相同放大倍数下利用表面带电得到绝缘层以下的结构图像[112]

（3）带电效应的深层信息衬度。

利用带电衬度不仅可以反映样品的表面信息，而且还可以无损伤地观测到绝缘层覆盖的样品深层信息[113]，这满足了许多新型器件以及 IC 制造工艺发展对检测方法的要求。

在现代 IC 生产和加工过程中，通常在两层电路之间要制作一层 SiO_2 绝缘层，在制作好的集成电路表面需要制作一层 SiO_2 或 Si_3N_4 绝缘保护层，半导体硅材料在制作集成电路过程中有时也需要在其表面覆盖 SiO_2 等绝缘层。为保证集成电路的高可靠性及成品率与合格率，对这些覆盖了绝缘层的半导体材料和集成电路半成品与成品往往需要进行检测，特别需要在不损伤表面绝缘层的条件下就可以检测到下面的半导体材料和集成电路的缺陷或微结构。这种带有绝缘保护层的被测样品，绝缘膜厚度可达数百纳米至数微米，对于这种样品的检测，采用高能电子束会贯穿绝缘膜，对器件造成辐照损伤并影响器件的固有工作状态，因此一般采用低能电子束进行观测。

日本大阪大学研究人员在集成电路的带电衬度实验中首次观测到被绝缘膜覆盖的内部导线形貌，在 IC 样品未施加激励信号，能量为 1 keV 的入射电子不能穿透绝缘膜到达导线处的情况下，实现了绝缘样品深层结构信息的成像[114]。日本东芝公司在低能电子束光刻系统中利用带电衬度进行了 IC 版图的对准检测，观测绝缘膜下的对准槽标记，如图 6.26 所示，表面两个曝光图形作为上标记，SiO_2/Si_3N_4 作为阻挡层沉淀在 Si 衬底上，用作下标记的槽结构由 SiO_2 构成，且嵌于 SiN/Si 层中，下标记对应的电介质薄膜厚度要大于图中没有埋层结构的薄膜厚度。

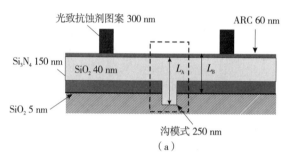

（a）

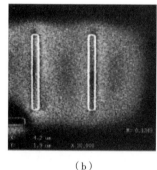 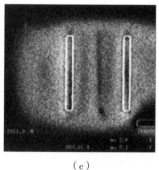 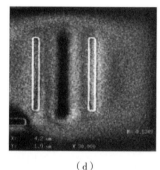

（b） （c） （d）

图 6.26　带埋层结构的样品情况

（a）具有埋层微结构电介质薄膜样品的横截面结构示意图（中间沟槽状的第一标记位于 SiO_2 电介质膜下方）；
（b）~（d）扫描时间分别为 1 s、5 s、20 s 的扫描电镜图像（电子加速电压为 1.9 kV）[115]

在二次电子成像的带电衬度中观测到 SiO_2 绝缘膜下的对准槽标记，如图 6.26（d）所示，图中黑暗矩形区域是沟槽下标记的像，左右对称的两个明亮矩形区域是上标记的像。能量为 1.9 keV 的入射电子虽不能穿透覆盖在对准标记上的数微米厚的绝缘膜，而由于绝缘膜表面呈现负带电，通过带电衬度可以观测到不能被电子束"接触"到的对准标记，随着电子束辐照引起的表面电位的变化，图像中对准槽标记随着照射时间逐渐变暗、变清晰[115]。二次电子成像时形成的这种带电衬度是由于绝缘膜内埋层结构的界面积累电荷产生不相同的表面电位，使表面局部电场出现变化，从而导致二次电子返回表面和二次电子成像电流的不同，使得图像亮度发生变化。我国研究人员采用 MC 方法模拟相同条件的电子束照射 IC 样品时的电子与电荷输运过程，从理论上证实了这种衬度的形成机理[116]。因此，在电介质薄膜负带电条件下，沟槽标记即使不能被入射电子束穿透，也是可以通过带电衬度观测到的。

6.2.2　带埋层结构的介质表面的二次电子倍增

一直以来，为了减弱扫描电子显微镜中观察电介质样品表面时样品的带电，通常需要对样品进行表面镀金处理或者采用接近第二临界能量的入射电子。一般情况下，SEM 只能用来观察材料表面的形貌，然而在一些实验中经常发现，介质样品带电使电子有一种超穿透的内部探测能力。因此，SEM 还可以用来观察 LSI 中介质样品的内部埋层结果。

尽管这种电子的超穿透现象已经被发现了较长一段时间，然而，其微观物理机制以及相关的特性规律仍然不明确，并且相应的定量理论研究也非常匮乏。Ura 教授通过考虑出射二次电子的返回分析了正带电情况下的埋层结构样品的 SEM 图像，但对于负带电情况下的图像异常发亮现象仍然无明确的理论解释。对此，Miyoshi 提出了二次电子的返回并再次激发出三次电子的理论来解释负带电情况下的异常发亮现象，但仍然缺乏有力的定量理论支撑。

鉴于此，本节从理论模拟角度出发，研究带有埋层结构的 SiO_2 电介质样品的带电以及成像特性。通过建立相应的扫描电子束照射下介质带电和二次电子出射模型，分析埋层结构样品在电子照射过程中带电特性和电子出射的倍增机制，并研究了相关入射电子和样品结构对二次电子倍增机制的影响，解释实验中对埋层结构的异常带电现象。

1. 实验背景与计算模型

本章主要模拟基于 Miyoshi 和 Ura 等研究的负带电照射环境下带金属掩埋层

结构的 SiO₂ 样品的条件。实验中这种带金属埋层的 SiO₂ 结构广泛存在于大规模集成电路中。图 6.27 所示为实验中用到的样品的俯视图和截面图。被安放在电导型 Si 基板上的 SiO₂ 样品总厚度为 3 μm，并且在区域 B 中掩埋着一层与基板接地的 W 金属层，金属层离样品表面的距离为 1 μm，厚度为 0.5 μm。扫描电镜的型号为 JEOL6400，电子枪的加速电压为 5 keV，束流为 20 pA，电镜每帧的扫描时间为 10 s，电镜中二次电子的收集使用内腔型电子探测器。

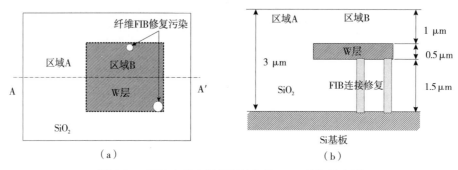

图 6.27　实验中带金属埋层结构的 SiO₂ 结构示意图

（a）俯视图；（b）截面图[115]

图 6.28 所示为不同的扫描电子照射时间下（分别为第 2 帧、第 4 帧、第 8 帧和第 10 帧）SiO₂ 样品的电镜图像。实验中使用的照射电子能量为 5 keV，对应的散射电子射程小于 SiO₂ 的埋层厚度 1 μm。而实验 SEM 图像所看到的内部金属结构，体现了电子照射介质样品因为带电原因所产生的超穿透效应。

在 SEM 图像中，样品内部结构的探测和观察着重于内部结构的边缘，也即 A 区域与 B 区域的边缘。这里，为了更为清晰地观察和研究图像的边缘特性，本章选取图 6.28（a）方框内的区域作为一般结构进行研究。通过对比图 6.28（a）~（d）不同时刻图像在方框区域内的图像在掩埋边缘区域的变化，可以发现，在照射初期，掩埋边缘区域比周边图像更暗；并且随着照射的持续，边缘区域逐渐变亮，最终达到饱和亮度。

以往的研究中认为，负带电情况下，出射的二次电子受到表面负带电的排斥作用，出射的二次电子都将离开样品表面，都无法解释掩埋层边缘的先变暗再变亮现象[116-119]。因此，本章将基于 Ura 等提出的表面负带电情况下出射二次电子的返回和再发射的可能机制，采用数值模拟的方法来验证这种电镜对带埋层结构电介质的超穿透现象，并进一步分析其相关的微观物理机制以及进行相应的敏感性分析。

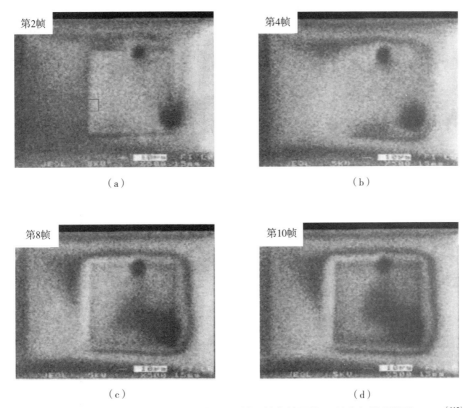

第2帧 （a） 第4帧 （b）

第8帧 （c） 第10帧 （d）

图 6.28 不同扫描时刻下带埋层结构的 SiO$_2$ 样品的电镜图像（其中扫描周期为 10 s）[115]

本章以图 6.28 中方框区域内的典型边缘结构为研究对象，分析出射二次电子在掩埋层边缘区域受带电的影响。图 6.29 所示为本章模拟的带金属埋层结构的 SiO$_2$ 截面示意图，其中，相关尺寸参数，如样品总厚度 H、掩埋层厚度 H_B 以及金属层厚度都与实验条件一致，分别为 3 μm、1 μm 和 0.5 μm。由于生长条件的不同，SiO$_2$ 材料的电子迁移率的取值可以在较大范围内变化，而作为集成电路钝化层的 SiO$_2$ 薄膜电子迁移率相对较低，因此，本章 SiO$_2$ 层的电子迁移率取值为 1×10^{-5} cm^2/(V·s)，捕获密度取值为 2×10^{16} cm^{-3}。

当入射电子照射到 SiO$_2$ 样品表面时，由于入射电子的散射射程小于埋层厚度，入射电子只会与埋层的 SiO$_2$ 样品发生作用，产生二次电子，并从表面出射。不同能量和角度出射的二次电子会在表面带电产生的空间电场的作用下运动，在本章中采用 Rung-Kutta 来跟踪出射电子的轨迹，有

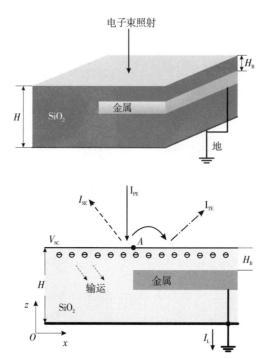

图 6.29   模拟的带金属埋层结构的电介质 SiO$_2$ 样品示意图

$$m\ddot{x}(t) = -eE_x(x,z,t)$$
$$m\ddot{z}(t) = -eE_z(x,z,t)$$

(6.21)

在非均匀的空间电场作用下，一部分出射的二次电子会直接出射，还有一部分从表面出射的二次电子会在此返回到样品表面。这种返回的二次电子会再次与样品作用产生次级二次电子。如此反复，出射的电子最终脱离表面局部场出射或者停留在样品内部。当所有入射的电子模拟结束后，对最终出射的电子进行统计，最终出射二次电子比例 r_{OE} 为最终逃逸出射的二次电子数 N_{OE} 与原本产生的一次二次电子数 N_{SE} 之比，即

$$r_{OE} = \frac{N_{OE}}{N_{SE}}$$

(6.22)

2. 带埋层结构的电介质带电特性

接下来分析具有内部埋层结构的电介质样品内部的电荷以及电位分布特性。介质样品的材料为 SiO$_2$，相对介电常数 ε_r 为 2.2，样品总厚度 H 和掩埋层厚度 H_B 分别为 3 μm 和 1 μm。扫描电子的条件与实验中相同，入射电子能量为

5 keV，束流为 20 pA，考虑到电子扫描面积和电镜中图像放大倍数，等效入射电流密度为 5 nA/cm²。图 6.30 所示为在扫描电子持续照射 46 s 时，带埋层边缘附近（左右各 3 μm，边缘位于 $x=3$ μm 处）样品内部电荷的分布。根据样品横截面结构，在图 6.30 中 $x>3$ μm、1 μm$<z<$2 μm 为接地的金属埋层区，此区域的电荷会直接通过接地流失。在样品内部纵向 z 方向，积累的电荷会向下输运呈逐渐减小的趋势。同时，在横向方向，由于内部结构不同，内部电荷还会向带金属埋层的一侧移动，从而使埋层区的电荷密度略大于非埋层区。

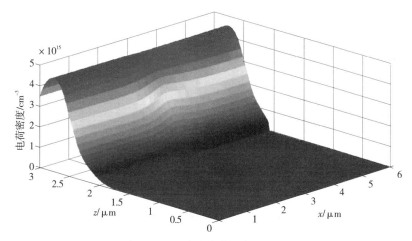

图 6.30　埋层边缘附近样品内的电荷分布（此时照射时间为 46 s）

在这种空间电荷分布的情况下，在埋层边缘附近的电介质样品电位在横向上仍然具有不均匀性。图 6.31 所示为对应条件下的样品内外电位分布。其中 $z=$ 3 μm 处为样品的上表面，$x>3$ μm 为样品的埋层区域。由于样品内部结构的不同以及内部电荷分布的差异使样品内外的空间电位在横向 x 方向不一致。从图 6.31 中的等值线可以看到，对于样品内部，由于样品下极板和埋层金属接地，并且内部的电荷从样品的表面向下分布，根据求解电位的泊松方程可以得到，离接地部分更远的左端表面电位更强，在样品内向底部和右侧逐渐递减，对应的电场线为从右下方指向左上方。这里定义表面电位衬度 V_{SC} 为表面电位最大值与最小值之差，即 $V_{SC}=V_S|_{max}-V_S|_{min}$，在图 6.31 中，表面电位衬度为 $V_{SC}=70.5$ V。

对于样品外的空间电场，通过考虑表面边界的电矢量连续条件和电场法向边界条件，左侧非埋层区域均为向下的电场，电子所受的电场力向上，在此区域出射的二次电子都能出射出去。而在埋层边缘的右侧区会出现局部向上的电场，在此区域电子受到向下的电场力。因此，在此区域内出射的二次电子，在一定条件下可能重新返回到样品表面，并且由于返回位置的负电位更低，使返回的电子得到加速。

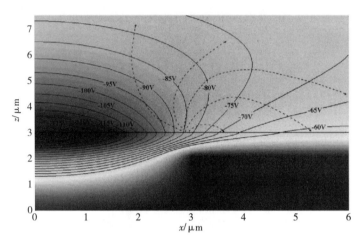

图 6.31　样品埋层边缘附近其内外电位分布（此时表面电位差为 70.5 V）

3. 二次电子的倍增机制

在上述的空间电场作用下，一部分出射的二次电子可能重新返回到样品表面并得到加速，从而激发出再一次的二次电子。这种反复的出射二次电子返回和再激发会使二次电子在空间局部场发生级联倍增效应。为了研究这种因为空间局部场引起的二次电子倍增的物理机制和相应的影响规律，这里先研究二次电子在空间电场中的轨迹和返回特性。

出射的二次电子以不同的角度和能量出射时，其轨迹所受空间电场的影响也不尽相同。图 6.32 所示为不同出射条件下二次电子的轨迹，此时的表面电位衬度为 $V_{sc} = 70$ V。其中，图 6.32（a）所示为出射电子能量为 5 eV，出射角度分别为 30°、60°、90°、120° 及 150° 的情况（这里的出射角为出射电子与样品表面 x 正方向的夹角），出射二次电子的位置均为表面埋层结构边缘 $x = 3$ μm 处。对比图中 5 条不同的出射轨迹，可以看出出射角度越小的电子越容易受到空间电场力的作用返回到样品表面。并且考虑到空间电场的不对称性，电子只有在右侧的空间才受到向下的电场力，整个空间内电子都受到向右侧的电场力的作用，因此，出射的电子都向右侧偏转，而返回的位置也均为埋层边缘的右侧表面。

同样地，不同能量的出射电子受空间局部电场力的影响也不尽相同。图 6.32 (b) 所示为不同能量的出射二次电子轨迹（4 条轨迹曲线分别对应的出射电子能量为 5 eV、10 eV、15 eV 和 20 eV），其中出射角均为 60°，出射位置依然为表面埋层边缘，表面电位衬度为 V_{SC} = 70 V。对比曲线容易发现，出射能量越低的电子越容易返回到样品表面。

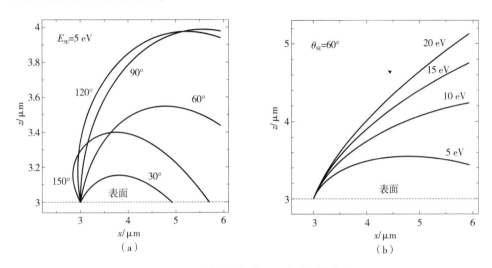

图 6.32　不同出射条件下二次电子的轨迹
（a）不同出射角度情况；（b）不同出射电子能量情况

为了进一步分析在一定表面带电条件下出射电子条件与电子的返回特性关系，建立了出射电子能量与返回临界出射角的关系。图 6.33 所示为不同表面带电情况下（表面电位衬度分别为 30 V、70 V 和 100 V 时），二次电子出射的临界角 θ_{SE} 与电子能量 E_{SE} 的关系，电子的出射位置均为表面边缘 x = 3 μm 处。这里，在图中曲线左下方的区域对应为二次电子返回的条件，而满足曲线上方条件的出射二次电子则不再返回。从图中可以发现，在表面带电一定的情况下，更大能量的出射电子需要更小的出射角才能返回到样品表面。并且随着带电的增强（表面电位衬度从 30 V 到 100 V），整个临界条件曲线向右上方移动，对应的能返回的条件区域增大，出射电子更容易返回。

以上都是针对在表面埋层边缘的出射电子情况，对于周边的出射电子，由于局部空间电场的不同，使其电子轨迹和返回特性都有所变化。

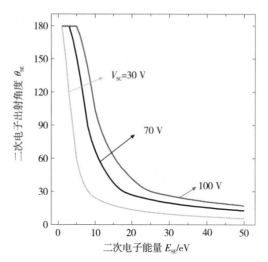

图 6.33 不同的表面电位衬度下二次电子出射的临界角 θ_{SE} 与电子能量 E_{SE} 的关系

图 6.34 所示为不同位置处，相同出射条件的二次电子在局部空间场的出射轨迹。这里，出射电子能量 E_{SE} 和出射角 θ_{SE} 分别为 5 eV 和 60°，表面电位衬度为 $V_{SC} = 70.5$ V。图中，电子分别从表面 A （$x = 3$ μm，表面边缘）、B（$x = 2.25$ μm）及 C（$x = 3.75$ μm）处出射。对比图中的曲线可以发现，边缘右侧（如图中 C 处）出射的电子更容易返回，而左侧（如图 B 处）出射的电子更难返回。这是因为，根据上文分析的空间电场分布特点，电子在边缘左右所受的电场力向上，而在右侧附近的电场力向下，使得右侧的电子更容易返回。

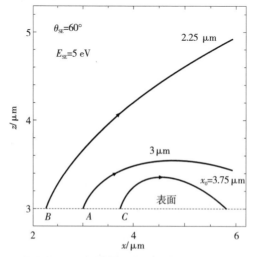

图 6.34 不同位置处出射电子在空间局部场的出射轨迹（其中 A 为表面埋层边缘处）

同样，为了进一步分析不同位置处出射电子的返回特性，分析了其对应的出射电子临界返回条件。图 6.35 所示为不同位置处，二次电子出射的临界角 θ_{SE} 与电子能量 E_{SE} 的关系，这里 A、B 和 C 分别与图 6.34 中的 3 个位置对应，表面电位衬度为 $V_{SC} = 70.5$ V。除了电子能量与出射角对应的一般规律外，还发现埋层边缘左侧（图中曲线 B）出射电子返回条件区域急剧减少，绝大部分电子都出射出去。而在埋层边缘右侧（对应于图中曲线 C），返回条件区域增大，电子更容易返回。

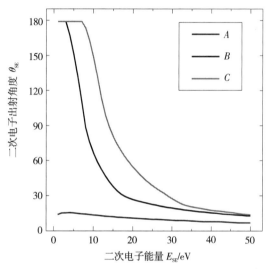

图 6.35 不同位置处（A、B 和 C）二次电子出射的临界角 θ_{SE} 与
电子能量 E_{SE} 的关系（书后附彩插）

4. 出射电子的级联倍增机制

根据上文的分析，当出射电子满足一定条件才能摆脱样品表面的局部电场出射，而另一部分则会在表面局部电场力的作用下返回样品表面，继续入射到样品内部与样品发生碰撞产生次级二次电子 N'_{SE}，如此反复，直到电子最终停留在样品内部或者逃逸出射。此时，最终出射的电子 N_{OE} 包括直接逃逸出射的二次电子 N_{SE} 和各次级二次电子总和 $\sum\limits_{i=1}^{n} N'_{SE}$。这里把各次级二次电子统称为三次电子 $N_{TE} = \sum\limits_{i=1}^{n} N'_{SE}$，满足

$$N_{OE} = N_{SE} + N_{TE} \tag{6.23}$$

由于出射电子的返回和倍增机制是由于表面带电所引起的，因此，表面带电强

度成为总出射电子数 N_{OE} 的主要影响因素。图 6.36 所示为表面埋层边缘出射电子比例 r_{OE} 随表面电位衬度 V_{SC} 的变化曲线。这里出射电子比例 r_{OE} 被定义为最终从局部电场逃逸的总电子数 N_{OE} 与原始出射的二次电子总数 N_{SE0} 之比，即 $r_{OE} = \dfrac{N_{OE}}{N_{SE0}}$。而出射的电子比例包括出射二次电子比例 r_{SE} 与出射三次电子比例 r_{TE}，并且出射二次电子比例 r_{SE} 被定义为直接逃逸出射的二次电子 N_{SE} 与原始出射的二次电子总数 N_{SE0} 之比，即 $r_{SE} = \dfrac{N_{SE}}{N_{SE0}}$；而出射三次电子比例 r_{TE} 被定义为最终出射的三次电子数 N_{TE} 与原始出射的二次电子总数 N_{SE0} 之比，即 $r_{TE} = \dfrac{N_{TE}}{N_{SE0}}$。从图 6.36 中可以看出，随着表面电位衬度的增大，表面带电增强使出射二次电子比例 r_{SE} 减少，电子更容易返回。另外，返回的二次电子被加速得更强，在级联作用下会产生更多的三次电子，对应的三次电子比例 r_{TE} 增加。由于总出射的电子包括二次电子和三次电子，因此在两者相反的作用下，总出射电子比例 r_{OE} 随着表面电位衬度 V_{SC} 的增加呈现先减小后增大的趋势。在表面电位衬度 $0 < V_{SC} < V_{SC1}$ 范围内，总出射电子比例 $r_{OE} < 1$，也即出射的电子被表面电场所抑制，并且在 $V_{SC} = V_{SC0}$ 时最小。而在 $V_{SC} > V_{SC1}$ 范围内，总出射电子比例 $r_{OE} > 1$，出射电子在局部电场的返回和再发射作用下得到了增强，并且随着表面电位衬度 V_{SC} 的增大而增强。

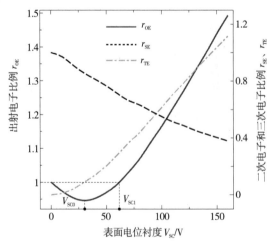

图 6.36 表面埋层边缘出射电子比例 r_{OE}（包括出射二次电子比例 r_{SE} 和出射三次电子比例 r_{TE}）受表面电位衬度 V_{SC} 的影响曲线

　　由于横向电场的不一致性，因此不同位置处出射的电子在表面电场力的作用下最终出射的电子比例也不相同。图 6.37 所示为在埋层边缘附近的不同位置处，出射电子比例 $r_{OE}(x)$ 的分布。其中，图 6.37 （a） 所示为带埋层结构的电镜图像[3]，图中方框区域内为埋层边缘附近区域，对应为图 6.37 （b） 分析的范围。其扫描电镜的环境和条件与上文所述的一致，扫描的时间为 90 s 时刻。可以看到，在方框内左侧为灰色，中间为发亮区域，而右侧则相对更暗，对应于图 6.37 （b） 中的图像灰度曲线。而图 6.37 （b） 中 r_{OE}、r_{SE} 和 r_{TE} 分别为在相同条件下模拟得到的不同位置处的出射电子比例曲线。总出射电子曲线与图像灰度曲线在规律上保持基本一致。对于左侧出射的电子，根据之前的讨论可知，由于空间电场都向上，使得原始出射的二次电子基本都能直接出射，从而出射电子比例维持在 1 附近，对应于图像为中等亮度。而对于埋层边缘出射情况 （也即图中 $x=10~\mu m$ 附近），由于返回的电子被大量加速使出射的电子被级联倍增加强，此时出射电子比例 $r_{OE}>1$，对应的图像表现得更亮。对于右侧区域出射的电子，虽然在电场作用下部分电子返回，但是由于没有得到较大的电场加速，使得出射的电子数并没有得到增加，从而出射电子比例 $r_{OE}<1$，对应的图像也更暗些。这种模拟与实验的基本一致，也为这种内埋层边缘的异常发亮现象提供了一个较为合理的理论解释。

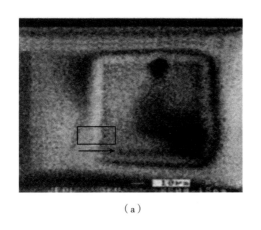

（a）

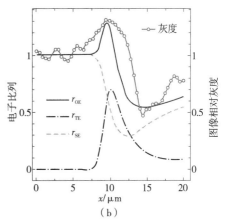

（b）

图 6.37　横向不同位置处出射电子比例分布

（a）实验中得到的扫描电镜图像；（b）相同条件下的模拟出射电子比例与电镜图像灰度的对比

5. 倍增的暂态特性

在扫描电子的持续照射下，样品内积累的电荷增多，相应的表面带电增强，表面电位衬度和空间局部电场增强。并且在入射电荷积累的同时，内部的电荷还会在内建电场和浓度梯度的作用下向样品底部和金属埋层结构发生纵向和横向的电荷输运过程。随着电荷的泄漏增加，最终达到一个样品带电的饱和。因此，在电子照射的暂态过程中，由于表面带电强度的变化，使得出射电子的轨迹和数量发生变化。

图 6.38 所示为电子照射过程中，表面电位衬度 V_{SC} 和表面埋层边缘处出射电子比例的暂态特性曲线。这里电子照射条件和样品结构与上文所述一致。从图 6.38（a）可知，表面电位衬度会随着照射的持续增加，最终达到饱和，这里表面电位衬度饱和值为 146 V。图 6.38（b）则为对应的表面埋层边缘处总出射电子比例 r_{OE} 与其电镜图像的相对灰度的暂态特性曲线。可以看到，出射电子随着照射的持续先减小，然后增加到一个稳定值；而对应位置处的图像灰度呈现先变暗后变亮，并最终不再变化的趋势。图像灰度的暂态曲线与模拟得到的出射电子比例暂态曲线基本一致，而一些数值上的偏差可能与实验电镜中电子收集效率和成像变换有关。并且，我们发现为了得到较为明显的内部结构轮廓，实验条件应该尽量避免边缘处出射电子比例 $r_{OE}=1$ 附近的情况，此时边缘处的图像灰度与周边较为接近，对应的图像也最为模糊。

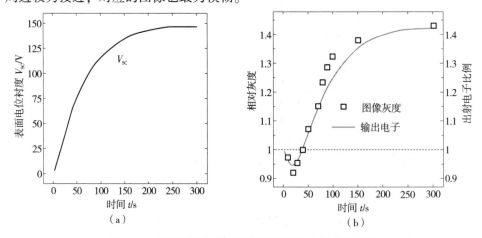

（a）　　　　　　　　　　　（b）

图 6.38　带埋层结构样品的暂态带电和电子出射特性

（a）表面电位衬度 V_{SC}；（b）表面埋层边缘的出射电子比例与电镜图像灰度的对比[3]

6. 相关参数对倍增的影响

不同的照射条件和样品结构会使样品的带电不同，从而也会影响电子的出射轨迹和倍增过程。下面主要分析样品埋层结构和入射电子能量对样品带电以及电子出射的影响。

1）掩埋深度的影响

样品内部的非对称式埋层机构导致表面外空间的电场横向的非一致性，从而使得出射电子轨迹发生变化，产生电子的返回和级联倍增。因此，这里首先研究埋层深度对带电和电子出射的影响。我们定义埋层深度比例 r_{HB} 为埋层厚度与总样品厚度之比，即

$$r_{HB} = \frac{H_B}{H} \tag{6.24}$$

在之前的情况下，埋层厚度比例 r_{HB} 均为 0.3。图 6.39 所示为不同埋层厚度比例下表面电位衬度 V_{SC} 的暂态特性曲线。不同的埋层厚度比例下，表面电位衬度 V_{SC} 都会随着电子照射的持续增加到一个稳定值，而这个稳定值在埋层厚度比例更大的情况下值更小。这是因为埋层厚度比例越大时，埋层区内部结构与非埋层区内部结构相差越小，对应的表面电位差也会越小。同时，由于具有相对更小的横向电荷输运，使得埋层厚度比例更大的情况下，表面电位更快地达到稳定。

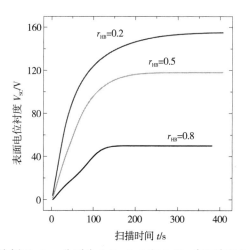

图 6.39 不同埋层比例下（r_{HB} 分别为 **0.2**、**0.5** 和 **0.8**）表面电位衬度 V_{SC} 的暂态曲线

在不同的表面带电情况下，出射的电子比例也会相应地随着埋层厚度比例

r_{HB} 而改变。图 6.40 所示为稳态表面电位衬度 V_{SC} 和出射电子比例 r_{OE} 与埋层厚度比例 r_{HB} 的变化关系。根据上文的分析，表面电位衬度 V_{SC} 会随着埋层厚度的增加而相应减小。同时，根据之前讨论过的表面电位与出射电子比例的关系，在一定范围内，埋层厚度的增加，使表面电位衬度 V_{SC} 减小的同时，也会使出射电子比例 r_{OE} 减小。需要注意的是，出射电子比例与表面电位衬度的变化关系并不是单调变化的，仅当表面电位衬度 $V_{SC} > V_{SC0}$ 时才会单调增加。从图中的规律可以看出，照射电子的这种超射程的内部探测能力，在一定范围内（如 $r_{HB} < 0.7$）仍然满足内部结构差别越大图像观察越明显。需要注意的是，根据上文的分析，当边缘处出射电子比例为 1 附近时，图像的埋层结构边缘将变得模糊。因此，在 $r_{HB} > 0.7$ 的范围，埋层厚度的减小反而会使图像的埋层结构边缘变得更加模糊。

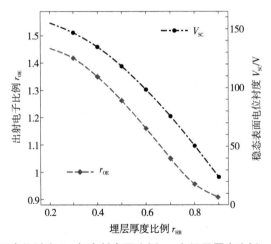

图 6.40　稳态表面电位衬度 V_{SC} 与出射电子比例 r_{OE} 和埋层厚度比例 r_{HB} 的变化关系曲线

2）入射电子能量的影响

入射电子能量的改变会使电子散射沉积的深度不同、二次电子发射系数不同，导致样品带电的暂态过程不同。

图 6.41 所示为不同的入射电子能量情况下（4 keV、7 keV 和 10 keV），表面电位衬度的暂态特性曲线。这里入射电子的其他条件和样品参数均与上文默认情况相同，埋层厚度比例 r_{HB} 仍然为 0.3。从图中可以看到，入射电子能量更高的情况下，表面电位衬度 V_{SC} 随着电子照射增加得更快，但最终会达到一个较为接近的稳定值。这是因为，能量更高的入射电子，出射二次电子产额更小，净进入样

品的电荷更多, 从而使样品表面电位更为快速地上升。对于迁移率相对较大的 SiO_2 材料来说, 在相对较长的照射过程中, 最终稳定态下的自由电子比例较少。稳态下的带电状态主要由样品的捕获密度和内部埋层结构来决定。因此, 其最终的带电状态较为接近。

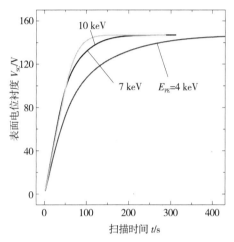

图 6.41 不同能量电子的照射情况下表面电位衬度 V_{SC} 的暂态曲线

入射电子能量对表面带电的影响同样会相应地改变出射电子特性。图 6.42 所示为不同时刻下 (120 s、240 s 及稳态时), 出射电子比例 r_{OE} 与入射电子能量 E_{PE} 的关系。根据上文入射电子能量 E_{PE} 对表面电位衬度 V_{SC} 暂态过程的影响分析, 我们知道高能入射下表面带电增加得更快, 从而使得一定条件下, 对应的出射二次电子比例 r_{OE} 表现得更大。达到稳定状态时, 由于表面带电状态的接近, 对应的出射电子比例也相同。需要说明的是, 这里出射电子比例相同, 并不意味着出射电子数一样, 因为不同入射电子能量情况下, 出射的原始二次电子数量 N_{SE0} 并不相同。

本章通过建立电子照射带埋层结构的电介质样品的带电和电子出射模型, 研究了样品的非均匀带电特性以及电子的出射倍增机制。首先, 根据实际大规模集成电路中的一种典型埋层结构建立相应的物理结构模型。然后采用数值物理模型计算了电子照射下样品的带电特性以及表面非均匀带电对出射电子轨迹和数量的影响。最后, 对不同样品和入射条件的情况进行了模拟, 并分析了相关参数对带电和出射电子倍增机制的影响, 主要得到以下结论。

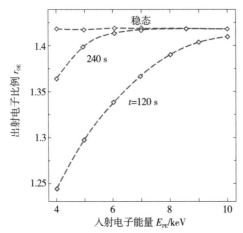

图 6.42　不同时刻出射电子比例 r_{OE} 与入射电子能量 E_{PE} 的关系

（1）从非均匀带电表面出射的电子包含直接出射的二次电子和由返回电子激发的三次电子。更小出射角或能量的出射电子更容易在样品带电引起空间局部电场的作用下返回。

（2）随着表面电位衬度的增加，出射的二次电子更容易返回，并激发出更多的三次电子，而总出射电子数呈现先减少后增加的趋势。随着扫描电子照射的持续，样品表面的电位衬度逐渐增加，相应的出射电子数也先变少后增多，而对应区域的电镜图像灰度也呈现先暗后亮的变化规律。

（3）在不同的样品内部结构下，随着埋层厚度比例的增大，表面电位衬度减小，表面埋层边缘处的出射电子比例也逐渐减小。而更大的入射电子能量条件下，样品带电暂态过程中，表面埋层边缘处的出射电子比例也会更多。

参考文献

［1］童靖宇，闫德葵，贾瑞金. 航天器航天二次电子倍增微放电试验与测试技术
［C］. 中国宇航学会结构强度与环境工程专委会航天空间环境工程信息网
2005 年度学术讨论会论文集，北京，2005.

［2］KOONS H C, MAZUR J E, SELESNICK R S. The impact of the space environment
on space systems ［C］. Air Force Research Laboratory, 2000：7-11.

［3］GARRETT H B, WHITTLESEY A C. Spacecraft charging, an update ［J］. IEEE
Transactions on Plasma Science, 2000, 28（6）：2017-2028.

［4］MIYAKE H, HONJOH M, MARUTA S. Space charge accumulation in polymeric
materials for spacecraft irradiated electron and proton ［C］. 2007 Annual Report -
Conference on Electrical Insulation and Dielectric Phenomena, Vancouver, BC,
Canada, 2007.

［5］NISTOR V C, AGUILERA L, MONTERO I. Strategies for anti-multipactor coatings
of suppressed secondary emission and low insertion losses for high power RF
components in satellite systems ［C］. 7th International Workshop on Multipactor,
Corona and Passive Intermodulation in Space RF Hardware, Valencia, Spain, 2011.

［6］WOLK D, DAMASCHKE J, VICENTE C. AO-4025 ITT ESA-Surface treatment
and coating for the reduction of multipactor and passive intermodulation（PIM）
effects in RF components ［C］. 4th International Workshop on Multipactor, Corona

and Passive Intermodulation in Space RF Hardware (MULCOPIM 2003), Noordwijk, 2003.

[7] MONTERO I, CASPERS F, AGUILERA L. Low – Secondary Electron Yield of Ferromagnetic Materials and Magnetized Surfaces [C]. International Conference on Intelligent Information Processing, IPAC, The Netherlands, 2010.

[8] WANG L, BANE K, CHEN C, et al. Suppression of secondary electron emission using triangular grooved surface in the ILC dipole and wiggler magnets [C]. Proceedings of PAC07, Albuquerque, New Mexico, USA, 2007.

[9] PIVI M, KING F K, KIRBY R E, et al. Sharp reduction of the secondary electron emission yield from grooved surfaces [J]. Journal of Applied Physics, 2008, 104 (10): 104904.

[10] MOSTAJERAN M, RACHTI M L. Importance of number of gap crossings on secondary emission in the simulation of two – sided multipactor [J]. Journal of Instrumentation, 2010, 5: 08003.

[11] HENRICH V E. Fast, accurate secondary – electron yield measurements at low primary energies [J]. Rev. Sci. Instrum., 1973, 44 (4): 456-462.

[12] BAGLIN V, BOJKO J, GRÖBNER O, et al. The secondary electron yield of technical materials and its variation with surface treatments [C]. 7th European Particle Accelerator Conference, Vienna, Austria, 2000.

[13] LE PIMPEC F, KIRBY R E, KING F K, et al. The effect of gas ion bombardment on the secondary electron yield of TiN, TiCN and TiZrV coatings for suppressing collective electron effects in storage rings [J]. Nucl. Instrum. Meth., 2006, 564 (1): 44-50.

[14] BOJKO I, HILLERET N, SCHEUERLEIN C. Influence of air exposures and thermal treatments on the secondary electron yield of copper [J]. J. Vac. Sci. Technol., 2000, 18 (3): 972-979.

[15] HATCH A J, WILLIAMS H B. The secondary electron resonance mechanism of low-pressure high-frequency gas breakdown [J]. Journal of Applied Physics,

1954, 25 (4): 417-423.

[16] HATCH A J, WILLIAMS H B. Multipacting modes of high-frequency gaseous breakdown [J]. Physical Review, 1958, 112 (3): 681-685.

[17] VAUGHAN J R M. Multipactor [J]. IEEE T Electron Dev., 1988, 35 (7): 1172-1180.

[18] LI Y, CUI W Z, ZHANG N, et al. Three-dimensional simulation method of multipactor in microwave components for high-power space application [J]. Chinese Physics B, 2014, 23 (4).

[19] DE LARA J, PEREZ F, Alfonseca M, et al. Multipactor prediction for on-board spacecraft RF equipment with the MEST software tool [J]. IEEE Transactions on Plasma Science, 2006, 34 (2): 476-484.

[20] RASCH J, JOHANSSON J F. Non-resonant multipactor-a statistical model [J]. Physics of Plasmas, 2012, 19 (12): 123505.

[21] 林舒, 李永东, 曹猛, 等. 基于统计理论的 Au 与 Ag 两种材料微放电敏感区域的计算 [J]. 真空电子技术, 2012 (03): 1-3, 22.

[22] DING M Q, HUANG M G, FENG J J, et al. Ion surface modification for space TWT multistage depressed collectors [J]. Applied Surface Science, 2008, 255 (5): 2196-2199.

[23] 丁明清, 黄明光, 冯进军, 等. 离子束表面处理抑制空间行波管多级降压收集极二次电子发射的研究 [J]. 真空科学与技术学报, 2009 (03): 247-250.

[24] 白国栋, 丁明清, 赵青平, 等. 抑制行波管多级降压收集极二次电子发射的工艺研究 [J]. 真空电子技术, 2009 (05): 22-25.

[25] 刘腊梅, 赵世柯. 工艺参数对 Ar^+ 改性无氧铜表面形貌及二次电子发射的影响 [J]. 真空科学与技术学报, 2012 (10): 861-866.

[26] CHANG C, HUANG H J, LIU G Z, et al. The effect of grooved surface on dielectric multipactor [J]. Journal of Applied Physics, 2009, 105 (12): 123305.

[27] 崔万照, 杨晶, 张娜. 空间金属材料的二次电子发射系数测量研究 [J]. 空间电子技术, 2013, 10 (02): 75-78.

[28] 张娜, 曹猛, 崔万照, 等. 高性能多功能超高真空金属二次电子发射特性测试平台 [J]. 真空科学与技术学报, 2014 (05): 554-558.

[29] 杨晶, 崔万照, 贺永宁. 碳纳米涂层材料的二次电子发射系数及工艺研究 [J]. 现代电子技术, 2012 (20): 143-145.

[30] YE M, HE Y N, HU S G. Simulation of secondary electron emission suppression of porous metal surface [C]. 7th International Workshop on Multipactor, Corona and Passive Intermodulation in Space RF Hardware, Valencia, Spain, 2011.

[31] 贺永宁, 王丹, 叶鸣, 等. 铝合金镀银表面粗糙化处理方法及其 SEY 抑制机理 [J]. 表面技术, 2018, 47 (5): 1-8.

[32] YE M, HE Y N, HU S G, et al. Suppression of secondary electron yield by micro-porous array structure [J]. J. Appl. Phys., 2013, 113 (7): 074904.

[33] YE M, HE Y N, HU S G, et al. Investigation into anomalous total secondary electron yield for micro-porous Ag surface under oblique incidence conditions [J]. J. Appl. Phys., 2013, 114 (10): 104905.

[34] 叶鸣, 贺永宁, 王瑞, 等. 基于微陷阱结构的金属二次电子发射系数抑制研究 [J]. 物理学报, 2014 (14): 354-362.

[35] 许石多. 粗糙金属表面二次电子发射特性的数值仿真研究 [D]. 西安: 西安交通大学, 2012.

[36] ZHANG H B, HU X C, WANG R, et al. Note: Measuring effects of Ar-ion cleaning on the secondary electron yield of copper due to electron impact [J]. Rev. Sci. Instrum., 2012, 83 (6): 066105.

[37] ZHANG H B, HU X C, CAO M, et al. The quantitative effect of thermal treatment on the secondary electron yield from air-exposed silver surface [J]. Vacuum, 2014, 102: 12-15.

[38] PAULMIER T, DIRASSEN B, PAYAN D, et al. Material charging in space environment: Experimental test simulation and induced conductive mechanisms [J]. IEEE Transactions on Dielectrics and Electrical Insulation, 2009, 16: 682-688.

［39］ DIRASSEN B, LEVY L, REULET R, et al. The SIRENE facility-An improved method for simulating the charge of dielectrics in a charging electron environment ［C］. Presented at the ESA SP-540, 2003.

［40］ AUSTIN L, STARKE H. The reflection of cathode rays and a new occurrence of secondary emission connected with it ［J］. Ann. Phys., 1902, 9：271-292.

［41］ NAGASAWA K, HONJOH M, MIYAKE H, et al. Charge accumulation in various electron - beam - irradiated polymers ［J］. IEEE Transactions on Electrical and Electronic Engineering, 2010, 5：410-415.

［42］ RENOUD R, MADY F, ATTARD C, et al. Secondary electron emission of an insulating target induced by a well - focused electron beam—Monte Carlo simulation study ［J］. Physica Status Solidi A, 2004, 201：2119-2133.

［43］ MANDELL M J, DAVIS V A, COOKE D L, et al. Nascap - 2k spacecraft charging code overview ［J］. IEEE Transactions on Plasma Science, 2006, 34：2084-2093.

［44］ ROUSSEL J F, ROGIER F, DUFOUR G, et al. SPIS open - source code：methods, capabilities, achievements, and prospects ［J］. IEEE Transactions on Plasma Science, 2008, 36：2360-2368.

［45］ MURANAKA T, HOSODA S, KIM J H, et al. Development of multi-utility spacecraft charging analysis tool (MUSCAT) ［J］. IEEE Transactions on Plasma Science, 2008, 36：2336-2349.

［46］ JOY D C . A database of electron-solid interactions ［J］. Scanning, 1995, 17 (5)：270-275.

［47］ 王丹. 空间材料表面二次电子发射特性及其调控研究 ［D］. 西安：西安交通大学, 2019.

［48］ LE P F, KIRBY R E, KING F, et al. Properties of TiN and TiZrV thin film as a remedy against electron cloud ［J］. Nuclear Instruments and Methods in Physics Research A 551, 2005：187-199.

［49］ 张波. 真空室内壁镀 TiZrV 吸气剂薄膜的工艺及薄膜相关性能的研究 ［D］. 合肥：中国科学技术大学, 2011.

［50］ WANG D, HE Y N, CUI W Z. Secondary electron emission characteristics of TiN coatings produced by RF magnetron sputtering ［J］. Journal of Applied Physics, 2018, 124 (5): 053301.

［51］ ISABEL M, LYDYA A, DÁVILA M E, et al. Secondary electron emission under electron bombardment from grapheme nanoplatelets ［J］. Applied Surface Science, 2014, 291: 74-77.

［52］ WANG J, WANG Y, XU Y H, et al. Secondary electron emission characteristics of graphene films with copper substrate ［J］. Chinese Physics C, 2016, 40 (11): 117003.

［53］ CAO M, ZHANG X S, LIU W H, et al. Secondary electron emission of graphene-coated copper ［J］. Diamond & Related Materials, 2017, 73: 199-203.

［54］ BAGLIN V, MALYSHEV O B. Design and Operation of Beam Vacuum ［M］. Wiley VCH, 2019.

［55］ OLANO L, MONTERO I, DÁVILA M E, et al. Dynamic secondary electron emission in dielectric/conductor mixed ［C］. Proceedings of the 9th International Workshop on Multipactor, Corona and Passive Intermodulation (MULCOPIM), ESA/ESTEC (Noordwijk - The Netherlands), April 7, 2017.

［56］ 何鋆, 俞斌, 王琪, 等. 磁控溅射铂抑制镀银表面的二次电子发射 ［J］. 物理学报, 2018, 67 (8): 087901.

［57］ WANG F W, ZHAO Q, LI J, et al. Significantly reduced secondary-electron-yield of Aluminum sheet with fluorocarbon coating ［J］. Coatings, 2018, 8: 249.

［58］ 王加梅. 高功函数薄膜制备及抑制收集极二次电子发射机理研究 ［D］. 成都: 电子科技大学, 2012.

［59］ HENRICH V E, FAN J C C. High-efficiency secondary-electron emission from sputtered MgO-Au cermets ［J］. Appl. Phys. Lett., 1973, 23 (1): 7-8.

［60］ CHOI E H, LIM J Y, KIM Y G, et al. Secondary electron emission coefficient of a MgO single crystal ［J］. J. Appl. Phys., 1999, 86 (11): 6525-6527.

［61］ HAK K Y. Secondary electron emission properties of Zn-doped MgO thin films grown via electron-beam evaporation ［J］. Thin Solid Films, 2018: 57-61.

［62］ WANG F F, ZHOU F, WANG J S, et al. Characterization of MgO/Al₂O₃ composite film prepared by DC magnetron sputtering and its secondary electron emission properties ［J］. Journal of Eletronic Materials, 2018, 47 (7): 4116-4123.

［63］ LI J, HU W B, WANG K, et al. Au Doping effect on the secondary electron emission performance of MgO films ［J］. Materials, 2018, 11: 2104.

［64］ 戴信一. 氧化镁与纳米钻石微晶复合薄膜在铁镍合金上之二次电子产生率的研究 ［D］. 台北: 台北清华大学, 2006.

［65］ SUHARYANTO, MICHIZONO S, SAITO Y, et al. Influence of mechanical finishing on secondary electron emission of alumina ceramics ［C］. 2006 International Symposium on Discharges and Electrical Insulation in Vacuum, 2006.

［66］ RAJOPADHYE N R, BHORASKAR S V. Secondary electron emission of sputtered alumina films ［J］. Pramna-J, Phys., 1985, 25 (3): 327-334.

［67］ 王玉乾. 用于二次电子发射阴极材料的金刚石薄膜的制备及性能研究 ［D］. 绵阳: 西南科技大学, 2009.

［68］ 叶勤燕, 王兵, 甘孔银, 等. 掺硼浓度对金刚石薄膜二次电子发射特性的影响 ［J］. 材料导报B: 研究篇, 2012, 26 (3): 38-44.

［69］ DING M Q, LI L L, FENG J J. Secondary electron emission from Boron doped diamond films grown by MPCVD ［J］. Chinese Journal of Liquid Crystals and Displays, 2013, 28 (5): 688-692.

［70］ BELHAJ M, TONDU T, INGUIMBERT V, et al. The effects of incident electron current density and temperature on the total electron emission yield of polycrystalline CVD diamond ［J］. J. Phys. D: Appl. Phys, 2010, 43: 135303.

［71］ CIMINO R, COMMISSO M, GROSSO D R, et al. Nature of the decrease of the secondary-electron yield by electron bombardment and its energy dependence ［J］. PRL 109, 2012: 064801.

［72］ LE P F, KIRBY R E, KING F K, et al. The effect of gas ion bombardment on the secondary electron yield of TiN, TiCN and TiZrV coatings for suppressing collective electron effects in storage rings ［J］. Nucl. Instrum. Meth. A, 2006,

564（1）：44-50.

[73] YANG J, CUI W, LI Y, et al. Investigation of argon ion sputtering on the secondary electron emission from gold samples [J]. Appl. Surf. Sci., 2016, 382: 88-92.

[74] 胡笑钏. 金属表面二次电子发射特性复杂影响因素的研究 [D]. 西安：西安交通大学, 2014.

[75] 漆世锴, 王小霞, 罗积润, 等. 金属掺杂钨基合金阴极的二次电子发射系数研究 [J]. 强激光与粒子束, 2014, 26（12）：123006.

[76] FENG G B, CUI W Z, WANG Q, et al. Charging effects on dielectric resonator antenna due to multienergentic E-beam irradiation [J]. IEEE Transactions on Plasma Science, 2018, 46: 2753-2760.

[77] WANG Q, PENG Z, DODD S J, et al. Dielectric response and space charge in epoxy impregnated paper composite laminates [J]. IEEE Transactions on Dielectrics Electrical Insulation, 2019, 26: 1532-1540.

[78] SHU N, ZHANG X X, SUN C X, et al. Van-der chaotic oscillator to suppressing the periodic narrow-band interference from partial discharge pulse signal [J]. High Voltage Engineering, 2012, 38: 89-94.

[79] ADANE A, PERSON C, GALLEE F. A broadband U: haped patch antenna on PTFE/Cu substrate for 60 GHz wireless communications [J]. Microwave Optical Technology Letters, 2018, 60: 265-271.

[80] FENG G B, MENG C, CUI W Z, et al. Transient characteristics of discharge of polymer sample after electron-beam irradiation [J]. Acta. Physica Sinica, 2017: 66.

[81] FENG G B, CAO M, YAN L P, et al. Combined effects of sample parameters on polymer charging due to electron irradiation: A contour simulation [J]. Micron, 2013, 52-53: 62-66.

[82] NAGATOMI T, KUWAYAMA T, YOSHINO K, et al. In situ measurement of surface potential developed on MgO thin film surface under ion irradiation using ion scattering spectroscopy [J]. Journal of Applied Physics, 2009, 106: 1211.

[83] EZAKI T, MATSUTANI A, NISHIOKA K, et al. Surface potential on gold nanodisc arrays fabricated on silicon under light irradiation [J]. Surface Science, 2018, 672-673, 62-67.

[84] KIM Y, BüHLMANN S, KIM J, et al. Local surface potential distribution in oriented ferroelectric thin films [J]. Applied Physics Letters, 2007, 91: 052906.

[85] SONG B P, SU G Q, ZHANG G J, et al. Electrons stimulated gas desorption of some dielectrics in vacuum [J]. 2016IEEE International Power Modulator and High Voltage Conference (IPMHVC), 2016, 1: 147-150.

[86] KUZNETSOV Y A, LAPUSHKIN M N, RUT' KOV E V, et al. Electron-stimulated desorption of cesium atoms from graphene to iridium intercalated and not intercalated with cesium [J]. Physics of the Solid State, 2019, 61: 1478-1483.

[87] ILYAS U, JULIE A S, KELSEA R J, et al. Electron induced surface reactions of $(\eta_5-C_5H_5)$ Fe $(CO)_2$Mn $(CO)_5$, a potential heterobimetallic precursor for focused electron beam induced deposition (FEBID) [J]. Physical Chemistry Chemical Physics, 2018, 20: 7862-7874.

[88] DIRASSEN B, LEVY L, REULET R, et al. The SIRENE facility-An improved method for simulating the charge of dielectrics in a charging electron environment [J]. Materials in a Space Environment, 2003, 540: 351-358.

[89] ARNAOUT M, PAULMIER T. Study of radiation induced conductivity and photoconduction phenomenon for materials used in space environment [J]. Electrostatics, 2016, 84: 48-53.

[90] CHEN Y F, LIU Q, QIN X G, et al. Surface charging potential of spacecraft material in space plasma environment [J]. Modern Applie Physics, 2017, 8: 61-67.

[91] SUN G, SONG B P, ZHANG G J. Investigation of multipactor-induced surface plasma discharge and temporal mode transition [J]. Applied Physics Letters, 2018, 113: 011603.

[92] WANG J, CAI L, ZHU X, et al. Numerical simulations of high power microwave dielectric interface breakdown involving outgassing [J]. Physics of Plasmas,

2010, 17: 063503.

[93] YOSHIMURA N. Chapter 8 – Electron-induced gas desorption [M]. Cambridge: Academic Press, 2020.

[94] CHANG C, LIU G, TANG C, et al. The influence of desorption gas to high power microwave window multipactor [J]. Physics of Plasmas, 2008, 15: 093508.

[95] CHANG C, ZHU M, VERBONCOEUR J, et al. Enhanced window breakdown dynamics in a nanosecond microwave tail pulse [J]. Applied Physics Letters, 2014, 104: 253504.

[96] CHANG C, LIU G, TANG C, et al. Review of recent theories and experiments for improving high-power microwave window breakdown thresholds [J]. Physics of Plasmas, 2011, 18: 055702.

[97] WANG F, FENG G, ZHANG X, et al. Mechanism of electron multiplication due to charging for a SiO_2 sample with a buried microstructure in SEM: A simulation analysis [J]. Micron, 2016, 90: 64-70.

[98] FUJII H, SAKAMOTO T, MATSUURA H, et al. Charging characteristics of thin polypropylene films by low energy electron beam irradiation [J]. IEEE Transactions on Fundamentals Materials, 2015, 135: 57-62.

[99] CZYZ E Z, MACCALLUM D O, ROMIG A, et al. Calculations of Mott scattering cross section [J]. Journal of Applied Physics, 1990, 68: 3066-3072.

[100] GAUVIN R, DROUIN D. A formula to compute total elastic Mott crosssections [J]. Scanning, 1993, 15: 140-150.

[101] FENG G B, WANG F, CAO M. Numerical simulation of multi-combined effects of parameters on polymer charging characteristics due to electron irradiation [J]. Acta Physica Sinica, 2015: 64.

[102] BO D, SUN Y, HOU Z, et al. Measurement of the low-energy electron inelastic mean free path in monolayer graphene [J]. Physical Review Applied, 2020, 13.

[103] 王文祥. 真空电子器件 [M]. 北京: 国防工业出版社, 2012.

[104] RICE B J, CAO H D, GRUMSKI M, et al., The limits of CD metrology [J]. Microelectronic Engineering, 2006, 83: 1023-1029.

[105] JOY D C, JOY C S. Voltage Scanning Electron Microscopy [J]. Micron, 1996, 27: 247-263.

[106] ZHANG H B, FENG R J, URA K. Utilizing the charging effect in scanning electron microscopy [J]. Science Progress, 2004, 87 (4), 249-268.

[107] CAZAUX J. Recent developments and new strategies in scanning electron microscopy [J]. Journal of Microscopy, 2004, 217: 16-35.

[108] ICHINOKAWA T, IIYAMA M, ONOGUCHI A, et al. Charging effect of specimen in scanning electron microscopy [J]. Japanese Journal of applied physics, 1974, 13: 1271-1277.

[109] BELHAJ M, JBARA O, ODOF S, et al. An anomalous contrast in scanning electron microscopy of insulators: The pseudo-mirror effect [J]. Scanning, 2000, 22: 352-356.

[110] FRANK L, ZADRAŹIL M, MULLEROVÁ. Scanning electron microscopy of nonconductive specimens at critical energies in a cathode lens system [J]. Scanning, 2001, 23: 36-50.

[111] WONG W K, PHANG J C H, THONG J T L. Charging control using pulsed scanning electron microscopy [J]. Scanning, 1995, 17: 312-315.

[112] HU W, CHEN M G, FEI X L, et al. Detecting defects of vacuum nanoelectron devices and IC based on penetrate insulating layer non-destructive endoscopy method in SEM [J]. Techinical Digest of IVNC2009, 2009: 313-314.

[113] NAGASE M, KURIHARA K. Imaging of Si nano-patterns embedded in SiO_2 using scanning electron microscopy [J]. Microelectron. Eng., 2000, 53: 257-260.

[114] URA K. Contrast mechanism of negatively charged insulators in scanning electron microscope [J]. Journal of Electron Microscopy, 1998, 47 (2): 141-147.

[115] MIYOSHI M, URA K. Negative charging-up contrast formation of multi-layered structures with a nonpenetrating electron beam in scanning-electron microscope [J]. J. Vac. Sci. Technol. B, 2005, 23 (6): 2763-2768.

［116］ ZHANG H B, LI W Q, WU D W. Contrast mechanism of a buried SiO_2 microstructure in scanning electron microscopy ［J］. Journal of Electron Microscopy, 2009, 58 (1): 15-19.

［117］ WANG F, FENG G B, ZHANG X S, et al. Mechanism of electron multiplication due to charging for a SiO_2 sample with a buried microstructure in SEM: A simulation analysis ［J］. Micron, 2016, 90: 64-70.

［118］ 冯仁剑. 基于带电效应的扫描电镜新型衬度机理研究 ［D］. 西安: 西安交通大学 (博士学位论文), 2004.

［119］ OKYAY G, HÉRIPRÉ E, REISS T, et al. Soot aggregate complex morphology: 3D geometry reconstruction by SEM tomography applied on soot issued from propane combustion ［J］. Journal of Aerosol Science, 2016, 93: 63-79.

索 引

C

（王彦祥、张若舒　编制）

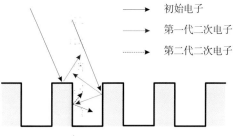

初始电子

第一代二次电子

第二代二次电子

图 3.1　微孔结构抑制二次电子发射机理

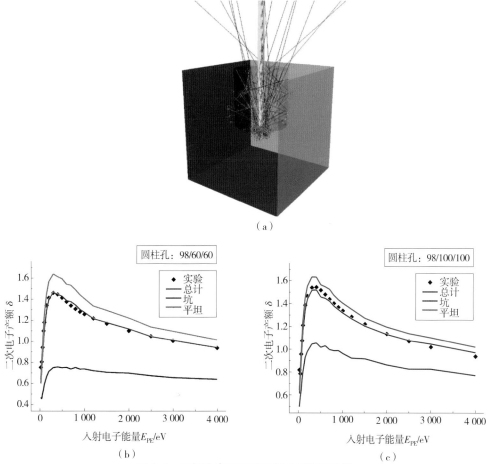

（a）

圆柱孔：98/60/60

二次电子产额 δ

实验
总计
坑
平坦

入射电子能量 E_{PE}/eV

（b）

圆柱孔：98/100/100

二次电子产额 δ

实验
总计
坑
平坦

入射电子能量 E_{PE}/eV

（c）

图 3.7　圆柱孔表面结构二次电子产额曲线

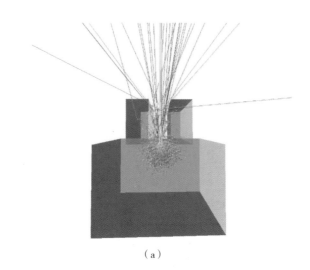

（a）

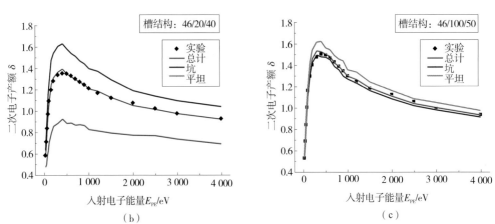

（b）   （c）

图 3.8　矩形槽表面结构二次电子产额曲线

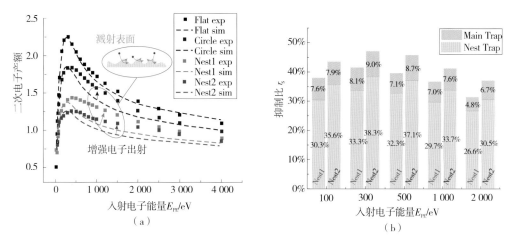

图 3.23　本书真空测量系统测试二次电子产额及其实验测量结果

（a）不同结构表面的二次电子产额（包括实验结果和仿真结果）；（b）主陷阱结构和嵌套陷阱结构的抑制比

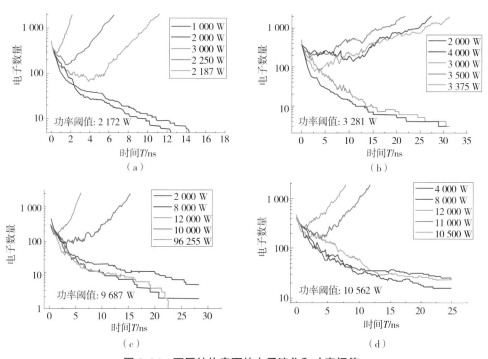

图 3.26　不同结构表面的电子演化和功率阈值

（a）平整表面；（b）圆柱形孔；（c）嵌套孔 1；（d）嵌套孔 2

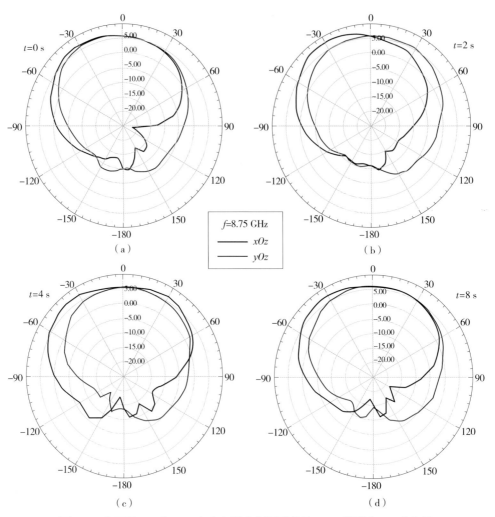

图 5.8　在平面 *xOz* 和 *yOz* 中由电子束辐照引起的 **DRA** 的瞬态 **2D** 方向图

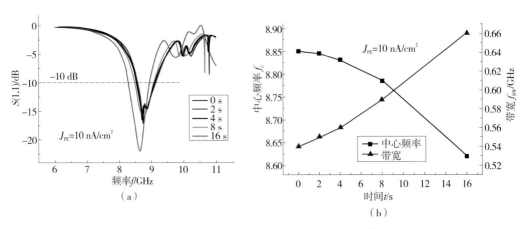

图 5.9　电子束照射下 $S(1,1)$ 参数的动态特性

（a）$S(1,1)$曲线；（b）中心频率和带宽

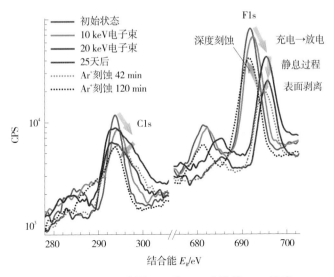

图 5.19　**PTFE 表面 C1s 和 F1s 光谱的 XPS 演变**

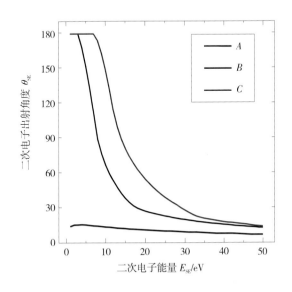

图 6.35　不同位置处（*A*、*B* 和 *C*）二次电子出射的临界角 θ_{SE} 与电子能量 E_{SE} 的关系